乡村振兴·农村干部赋能丛书

农产品贮藏与加工

NONGCHANPIN
ZHUCANGYUJIAGONG

李常站　杨卫国 ◉ 主编

济南出版社

图书在版编目（CIP）数据

农产品贮藏与加工 / 李常站，杨卫国主编 . -- 济南：
济南出版社，2024. 10. --（乡村振兴）. -- ISBN 978
-7-5488-6573-5

Ⅰ . S37

中国国家版本馆 CIP 数据核字第 2024HE5089 号

农产品贮藏与加工

李常站　杨卫国　主编

出 版 人 谢金岭
图书策划 朱　磊
出版统筹 穆舰云
特约审读 陈庆敏
特约编辑 张韶明
责任编辑 刘秋娜
封面设计 王　焱

出版发行 济南出版社
地　　址 山东省济南市二环南路 1 号（250002）
编 辑 部 0531-82774073
发行电话 0531-67817923　86018273　86131701　86922073
印　　刷 济南乾丰云印刷科技有限公司
版　　次 2024 年 10 月第 1 版
印　　次 2024 年 10 月第 1 次印刷
成品尺寸 185mm×260mm　16 开
印　　张 9.75
字　　数 202 千
书　　号 978-7-5488-6573-5
定　　价 30.00 元

如有印装质量问题 请与出版社出版部联系调换
电话：0531-86131736

前言

　　产业振兴是乡村振兴的重中之重，农产品贮藏与加工业是乡村产业的核心产业。农业作为国家的基础性产业，对国家的经济发展和社会稳定具有重要意义。目前，农业全产业链发展，已经成为农业转型升级的必由之路。农业全产业链涉及农产品产前、产中、产后等多个环节，产后包括贮藏、加工、流通等。

　　2024年中央一号文件提出，优化农产品冷链物流体系建设，加快建设骨干冷链物流基地，布局建设县域产地公共冷链物流设施；推进农产品生产和初加工、精深加工协同发展，促进就近就地转化增值；推进农产品加工设施改造提升，支持区域性预冷烘干、储藏保鲜、鲜切包装等初加工设施建设，发展智能化、清洁化精深加工。

　　冷链物流和农产品加工项目实施，设施建设和管理离不开专业人员，培训相应从业人员，对各地农业全产业链发展至关重要。本书以职业标准为框架，以职业能力为体系，以模块（项目）为载体，以"工学结合"为基础，以"理实一体"为核心，构建与之相适应的人才培养模式，本着以就业为导向，以能力为主导，突出实践教学的指导思想，从农产品贮藏与加工产业化、标准化生产编写。

　　本书内容共分为五个模块，模块一、模块二由李常站、杨卫国编写；模块三由李常站、徐琳琳、吕敏、刘弦编写；模块四由刘涵编写；模块五由张凤景、刘攀、李常站编写。

　　本书在编写过程中得到中共济宁市委组织部的指导和帮助，在此表示衷心感谢！同时，参阅了大量资料和著作，在此向有关作者表示衷心感谢。由于编者水平有限，加之时间仓促，本书中难免会存在不合理之处，敬请同行专家和学者批评指正。

编　者

2024年9月

目　录

模块一 认识农产品贮藏与加工

学习目标

1. 掌握农产品贮藏与加工相关概念；

2. 掌握农产品贮藏与加工的意义；

3. 了解农产品贮藏与加工产业的现状；

4. 了解农产品贮藏与加工产业的发展方向。

一、农产品贮藏与加工相关概念

农产品是指来源于种植业、林业、畜牧业和渔业等的初级产品，即在农业活动中获得的植物、动物、微生物及其产品。

农产品贮藏是指以采收以后的农产品的生命活动过程及其与环境条件关系的采后生理学为基础，以农产品在产后贮、运、销过程的保鲜技术为重点，进行农产品采后保鲜处理的过程。

农产品加工是指以人工生产的农产物料和野生动植物资源及其加工产品为原料所进行的工业生产活动。农产品加工是用物理、化学和生物学的方法，将农产品制成各种食品或其他用品的一种生产活动，是农产品由生产领域进入消费领域的一个重要环节。

二、农产品贮藏与加工的意义

（一）乡村振兴的需要

产业振兴是乡村振兴的重中之重，农产品贮藏与加工业是乡村产业的核心产业。全面建设社会主义现代化国家，最艰巨、最繁重的任务仍然在农村。世界百年未有之大变局加速演进，我国发展进入战略机遇和风险挑战并存、不确定难预料因素增多的时期，守好"三农"基本盘至关重要、不容有失。中共中央认为，必须坚持不懈把解决好"三农"问题作为全党工作重中之重，举全党全社会之力全面推进乡村振兴，加快农业农村现代化。农产品贮藏与加工一端连着田间地头，一端伸向消费市场，是实现农产品高效利用和增加附加值的重要环节。农产品贮藏与加工业联结工农、沟通城乡、亦工亦农，是为耕者谋利、为食者造福的民生产业，已经成为国民经济的重要支柱，在促进乡村产业振兴、拓宽农民增收渠道、加快农业农村现代化等方面发挥了重要作用。

（二）农业全产业链发展的需要

2024 年中央一号文件提出，推动农产品加工业优化升级。当前，我国的农业产业链已经由农业生产，延伸到农产品运输、流通加工、包装、储存、批发、配送等环节，并配套相关技术与信息服务，调控产业链上下游。农业产业链延伸后，企业不仅可以降低交易成本、减少产品损耗，还可以缩短流通时间、提高农产品质量，从而获取更多利润。

农产品贮藏与加工涵盖农产品原料生产、贮藏、加工、运输、食品装备制造业、食品质量与安全控制等，是从田间到餐桌的全产业链各环节独立的现代食品产业体系。

（三）农业可持续发展的需要

打造农业全产业链，能够在横向上推动农业与其他产业深度融合，以产业链、价值链、供应链、利益链、创新链"五链协同"，推进一、二、三产业融合发展。

要做大做强农产品加工流通业，实施农产品加工业提升行动，支持家庭农场、农民合作社和中小微企业等发展农产品产地初加工，引导大型农业企业发展农产品精深加工。引导农产品加工企业向产地下沉、向园区集中，在粮食和重要农产品主产区统筹布局建设农产品加工产业园。完善农产品流通骨干网络，改造提升产地、集散地、销地批发市场，布局建设一批城郊大仓基地，支持建设产地冷链集配中心，确保农产品冷链物流畅通。

三、农产品贮藏与加工产业的现状

2020 年中央一号文件要求，启动农产品仓储保鲜冷链物流设施建设工程。做好这项现代农业发展的重大牵引性工程，既是推动农业高质量发展和乡村振兴的重点内容，更是适应人民群众美好生活需要和消费升级的重要举措。城乡居民农产品消费正由"吃得饱"向"吃得更安全、更营养、更健康"转变。近年来，我国肉、蛋、奶、水果、水产品人均消费量平均每年分别上涨 3.3%、3.4%、1.0%、4.6%、1.8%。消费结构快速升级，推动产业链、供应链提质增效，迫切要求加快发展农产品仓储保鲜冷链设施，降低农产品产后损耗，满足周年供应和均衡上市需求，提供更多质优物美的农产品。当前，我国农产品产地冷藏保鲜设施总量不足、地域分布不均，商品化处理能力较弱，再加上与骨干冷链物流网络缺乏有效衔接，产后损失较大。

农产品加工业是我国经济发展的战略性支柱产业，经济增值价值巨大。中共十八大以来，我国农产品加工业快速发展，保持良好发展势头。行业总体规模稳定增长，发展质量明显提升，结构布局持续优化，转型升级不断加快，在保供应、稳市场、惠民生等方面作用日益凸显。我国农产品加工业的产品结构进一步优化，从业者对农产品精深加工的意识进一步加强，产品附加值进一步提高，自热食品、调理食品、速冻食品、预制菜、熟食制品等新型产品产量逐年增加，基本满足了不同消费层次的市场需求。但与发达国家相比，我国农产品加工业仍然处于初级加工阶段，存在深加工产品少、副产物综合利用比例不高、产业链较短等问题。突出表现在：在初加工产品中，盲目提高加工精度，片面追求高等级产品，甚至过度加工和包装；初加工产品多，精深加工产品少，产品附加值低；具有国际影响力的农产品民族品牌较为匮乏，特色农产品加工有待进一步加强。

四、农产品贮藏与加工产业的发展方向

我国农产品加工业是实施乡村振兴和可持续发展的中坚力量，是国民经济的支柱产业。位居世界前列的农产品供给能力为我国农产品加工业提供了充足的物质基础；国民经济的不断增强、人民生活水平的不断提高，增加了农产品加工业新的市场需求；大数据、电子商务、物联网、云计算、智能系统等新业态为农产品加工和销售带来新的机遇；政策的引领与支持，科技的大幅度投入与创新，引领着我国农产品加工业的迅速发展。

第一，要加强政策引领，完善农产品加工业科技创新扶持政策。通过财政支持、税收优惠等政策促进农产品加工业科技创新，引领人才聚焦，加强农产品贮藏加工装备自主研发，提升农产品贮藏加工企业科技研发和技术集成应用能力。第二，推进优势特色农产品加工产业、产业园等建设，加大农产品加工减损增效力度，促进农产品贮藏加工业的转型升级。延拓农产品贮藏加工业横向链条，通过"产业园区＋龙头企业＋基地＋农户"模式，发展大型产业集群和特色产业带，打造专业化产业园区，发挥辐射带动作用；加强公用设施配套齐全、现代化管理水平高的产业园区或产业集聚区建设，发挥经济带动效益。拉长农产品贮藏加工产业纵向产业链条，提高粗加工水平，大力发展精深加工，提高农副产品综合利用水平。推动农产品贮藏加工产业转型升级，倡导企业采用先进的农产品贮藏加工技术，促进农产品贮藏加工产业由低端向中高端延伸，实现从分散的、单一的、互不关联的农产品贮藏初加工企业，向精深加工制造产业集群转变升级。

模块二　果品蔬菜贮藏

项目一　采后果品蔬菜的特点

学习目标

1. 理解、掌握采后果品蔬菜是一个生命体;
2. 掌握呼吸作用相关概念;
3. 掌握影响呼吸作用的因素。

我国是农业大国,果蔬产量居世界第一位,由于采后保鲜、冷链物流处理欠佳,果蔬损失率为20%～30%,与发达国家5%损失率相比有很大差距。了解果蔬采后特点,做好采后果蔬保鲜,提高果蔬产品质量,是农业产业化发展需要解决的问题。

一、果品蔬菜的共同特点

(一) 活的有机体

采后果蔬是一个活的有机体,具有生理代谢活性,机体内时刻进行着以呼吸作用为主导的复杂生命活动。

(二) 生命活动的物质基础为自身贮藏物质

果蔬采收后脱离母体,来自根部的水分和养分供给中断,光合作用基本停止,物质积累完成,所有生命活动消耗的物质来自采收前的田间积累。

(三) 呼吸是果蔬的生理活动核心

呼吸是生命的基本特征,呼吸作用是采后生命的重要生

富士苹果

理活动。保持采后果蔬产品尽可能弱的呼吸作用,能够减少水分损失和有机物消耗,有利于果蔬贮藏保鲜,是果蔬在贮运过程中的基本原则和要求。

1. 呼吸作用的相关概念

呼吸作用是指生物活细胞内的有机物在一系列酶的参与下，经过某些代谢途径，把复杂的有机物（如糖类、蛋白质、有机酸、脂肪等）分解，并释放出能量的过程。

依据呼吸过程是否有氧气参与，把呼吸作用分为有氧呼吸和无氧呼吸两大类。

有氧呼吸是指生物活细胞在氧气的参与下，将复杂的有机物彻底氧化分解，生成二氧化碳和水，同时释放出能量的过程。

无氧呼吸是指生物活细胞在无氧气条件下，把复杂的有机物分解为不彻底的氧化产物（如乙醇、乙醛、乳酸等），同时释放出能量的过程。

通常所指的呼吸作用为有氧呼吸。有氧呼吸和无氧呼吸相比，无氧呼吸反应无氧气参与，有机物氧化不彻底，释放出的能量比有氧呼吸少。采后果蔬产品存放方法不当，果蔬产品发生无氧呼吸，生成的乙醇、乙醛、乳酸等物质，在果蔬产品体内、体外积累过多时，对细胞产生毒害作用，使果蔬品质劣变，影响果蔬产品质量。果蔬产品贮藏、运输等时应尽量避免无氧呼吸的发生。

呼吸强度是衡量呼吸强弱的生理指标，又称为呼吸速率，是指在一定温度下，单位重量的果蔬产品呼吸所吸入的氧气或释放出的二氧化碳的毫升数或毫克数。一般来说，果蔬产品的贮藏时间与呼吸强度成反比，呼吸强度越大，果蔬体内的物质消耗越快，贮藏时间越短。

2. 影响果蔬呼吸强度的因素

（1）果蔬的种类和品种

一般果品类呼吸强度的大小为：浆果类＞核果类＞柑橘类＞仁果类。

一般蔬菜类呼吸强度的大小为：叶菜类＞果菜类＞根菜类。

（2）成熟度

一般来说，生长发育期的果蔬组织、器官呼吸强度大；随着发育的成熟，呼吸强度下降。

（3）温度

温度是影响果蔬产品呼吸作用最重要的环境因素。在正常生理温度范围内（如无冷害、冻害等），温度越低，呼吸强度越小，物质消耗越少，产品贮藏效果越好，贮藏期越长。在贮藏过程中，温度波动会刺激呼吸作用，维持相对恒定的低温才能更好地降低呼吸强度。

有些果蔬在田间生长、贮运过程中，若温度过低，会发生冷害和冻害。冷害是指果蔬在冰点以上不适宜的低温条件下所发生的生理伤害，产品表现为变色、凹陷、斑点、果肉褐变等；冻害是指果蔬在冰点以下因组织冻结引起的生理病害。冷害、冻害引起果蔬代谢紊乱，出现生理失调，并显现出表皮异常症状。

一般来说，果蔬的适宜贮藏温度，0 摄氏度为绝大多数起源于温带的果蔬；5 ~ 10 摄氏度为绝大多数起源于亚热带的果蔬；10 ~ 15 摄氏度为绝大多数起源于热带的果蔬。

（4）相对湿度

一般来说，果蔬产品要求贮藏环境相对湿度较高，相对湿度过低时果蔬产品失水快，会刺激其呼吸或造成呼吸作用异常。一般要求相对湿度在 85% 以上，绝大多数果蔬贮藏相对湿度应控制在 85% ~ 95%；部分瓜类、蔬菜要求贮藏相对湿度 75% ~ 85%，如南瓜、西瓜、山药等；还有一些果蔬要求 65% ~ 75% 的相对湿度，如洋葱、大蒜等。

（5）气体成分

一般来说，降低贮藏环境氧气浓度，提高二氧化碳浓度（气调贮藏），有利于降低果蔬产品的呼吸强度，使果蔬产品保鲜效果更好，产品贮藏期更长。不同果蔬气调贮藏对呼吸强度的影响程度不同，如甘薯、南瓜、葡萄等气调贮藏对呼吸影响不大；菠菜、大白菜、芹菜、柿子、桃、杏等气调贮藏对呼吸有影响；蒜薹、苹果、香蕉等气调贮藏对呼吸有较大影响，采用气调贮藏效果较好。

乙烯是促进成熟的植物激素，能提高果蔬呼吸强度，促使果蔬成熟。果蔬贮运期间应尽可能除去乙烯。

（6）机械伤和微生物侵害

如果果蔬产品在采收、贮运等过程中造成机械伤，即使轻微挤压、碰撞、摩擦等都会引起呼吸作用增强，损伤越重呼吸强度越大；由微生物引起的病害，也会使呼吸作用增强。果蔬在贮运过程中应尽可能减少机械伤和微生物病害的发生。

二、某些蔬菜的独有特点

某些采收后的蔬菜在贮运过程中会出现成熟、衰老、再生长等现象，如大白菜在贮运过程中温度过高，外层叶片衰老干枯，根部会长出新叶；蒜薹在贮运过程中，薹梢和蒜薹尾部会变黄纤维化，而薹苞又会发育变大，长成小蒜头；黄瓜在贮运过程中会出现尾部变粗、种子发育等现象。因此，在采后蔬菜的贮运过程中，应控制好温度和气体成分等，保持好产品品质，防止蔬菜品质劣变失去商品价值。

采后新鲜白菜

贮藏白菜再生长

蒜薹薹苞发育

思考题

1. 简述采后果品蔬菜的特点。
2. 为什么说采后果品蔬菜是一个活的有机体?
3. 什么是呼吸作用? 呼吸作用分为哪两类?
4. 简述影响果品蔬菜呼吸作用的因素。

项目二 果品蔬菜贮藏设施

学习目标

1. 了解国家对农产品保鲜设施的发展目标；
2. 掌握通风库概念、分类及管理措施；
3. 掌握冷藏库概念、分类及管理措施；
4. 掌握预冷库概念、预冷方式及管理措施；
5. 掌握气调库概念、分类及管理措施。

　　2020 年，农业农村部正式启动"农产品仓储保鲜冷链物流设施建设工程"，强化村镇田头仓储保鲜冷链设施建设，从源头加快解决农产品出村进城"最初一公里"问题。建设通风库、冷藏库、预冷库、气调库等冷链设施，对于包括生鲜在内的农产品保鲜至关重要。农产品仓储保鲜冷链物流设施建设是现代农业发展的重大牵引性工程，对补齐现代农业基础设施短板，扩大农业有效投资，增加农民收入，提高重要农副产品供给保障能力，巩固脱贫攻坚成果同乡村振兴有效衔接，提升乡村产业链、供应链现代化水平，促进农业产业和农产品消费"双升级"意义重大。

　　2021 年，农业农村部进一步加大力度，在全国范围内抓好家庭农场、农民合作社和农村集体经济组织建设，围绕不同种类鲜活农产品，建设节能型通风贮藏库、机械冷藏库等设施。

　　2023 年 6 月，农业农村部印发《冷链物流和烘干设施建设专项实施方案（2023—2030 年）》，指出到 2025 年，重点建设 3.5 万座仓储保鲜设施、250 座产地冷链集配中心，实现新增产地冷链物流设施库容 1 000 万吨以上；到 2030 年，累计建成 6 万座仓储保鲜设施、500 座产地冷链集配中心，带动全国累计新增产地冷链物流设施库容 4 400 万吨以上，鲜活农产品产后损失率显著降低。重点建设任务聚焦在农产品产地"最先一公里"冷链物流设施短板，结合实际需要在田间地头建设一批具备保鲜、预冷等功能的小型、移动式仓储设施，建设预冷冷却设施设备、机械冷藏、气调冷藏库等。

一、通风库

（一）通风库的概念

通风库具有较好的保温隔热结构和通风设施，是利用库房内外温度差异和昼夜温度的变化，以通风换气的方式来维持库内较稳定和适宜贮藏温度的贮藏设施。

贮藏设施

（二）分类

①按类型分为地上式、半地下式和地下式通风库。

②按结构形式分为土建式和组装式通风库。

③按屋顶形状分为拱形屋面和坡屋面通风库。

（三）通风库的使用与管理

①通风库每次贮藏产品前和清库后，需彻底清扫库房和消毒，消毒完成后进行通风，排除残留消毒液。

②产品入库前，提前通风降低库温，再入库。

③提前检查风机运转状况、库内线路及设备，出现问题及时修理或更换。

④入库产品码放应稳定整齐，箱与箱之间、箱与墙之间、箱与地面之间要留出空隙，便于通风降温。

⑤合理放置温湿度探头。

⑥库内所有电线要进行绝缘处理，定期检查电路管线，发现问题及时排除。

⑦库内温度、湿度控制。库内产品温度高于最适宜贮藏温度时，进行夜间通风换气，降低产品温度，大风量通风时可用轴流风机进行强制通风；库内湿度过低可通过库内洒水或塑料袋包装产品控制，防止产品蒸腾失水。

⑧库内风道口间距要小于5米。

⑨通风口要进行保温、放水、防鼠处理。

⑩定期检查库内产品，发现问题及时处理。

贮藏设施

二、冷藏库

（一）冷藏库的概念

冷藏库是指采用土建式或组装式建筑结构，配备机械制冷设备，具有良好保温隔热结构的仓储建筑。

制冷机组

（二）冷藏库的分类

①按结构形式分为土建式和组装式冷藏库。

②按冷藏库温度可分为高温库（-2~16摄氏度）（适用于果品蔬菜、食用菌等贮藏）和低温库（-25~-15摄氏度）（适用于肉类、水产、速冻果蔬等产品贮藏）。

③按制冷剂类型分为氨制冷和氟利昂冷藏库。

（三）冷藏库的使用与管理

①产品入库前和清库后，对库房进行彻底清扫和消毒，消毒完成后进行通风换气。

②提前检查制冷及其他设备、库内线路，库内外用具、材料、设施等，要求能正常使用或运行正常，用具、材料应数量充足，发现问题及时解决。

③产品入库前，需提前3天对库房进行缓慢降温，避免快速降温造成冷藏库墙体等因内外温差过大，损坏库体等。

④入库产品码放应稳定整齐，箱与箱之间要留出 0.01 ~ 0.02 米间距；产品距墙 0.2 ~ 0.3 米，距离冷风机不少于 1.5 米，距离库顶不少于 0.5 ~ 0.6 米，最高点产品不能超过风道出口；堆垛或货架间距不少于 0.5 米；库内通道 1.2 ~ 1.8 米；垛底垫木高度 0.10 ~ 0.15 米。产品码放要利于通风降温。

⑤果蔬产品入库前未经过预冷，每天入库量一般不超过总库容的 25%，防止入库量过大，库温升高过多。库温上升应不超过 3 摄氏度。

⑥合理放置温度、湿度和气体成分等检测探头。

⑦库内所有电线要进行绝缘处理，定期检查电路管线，发现问题及时排除。

⑧库内温度、湿度、气体控制。根据贮藏产品要求管理库内温度，库温波动控制在 1 摄氏度以内，防止库温波动过大，造成用塑料袋包装的果蔬产品袋内结露。根据贮藏产品湿度要求，通过库内洒水或使用加湿器等增加库内湿度，通过通风换气等操作降低库内湿度。定期对库房进行通风换气，排除有害气体等；通风换气一般在夜间或早晨外界温度较低时进行。

⑨库内操作时应避免触碰保温涂层或保温板，防止破坏保温结构。

⑩定期对蒸发器进行除霜操作。

⑪定期检查库内产品，发现问题及时处理。

⑫库房清理、消毒、设备检修。对每天入库产品品种、数量，每次检测数据（如温湿度、气体成分等），通风换气时间，产品抽查数据，产品出库等相关数据做好记录。

⑬部分岗位从业人员要持有相应资格证书（如电工、制冷工、果蔬保鲜工等）。

三、预冷库

（一）预冷库的概念

预冷库是指将果蔬从采后初始温度迅速降至其适宜贮运温度的冷藏库。

未经预冷的果品蔬菜带着田间热进入冷藏库，会使库内温度升高，库内原有产品温度波动较大，影响产品贮藏品质；还会造成库内降温速度慢，甚至造成制冷机组过载运营，缩短冷藏库制冷设备的使用寿命。一般大型冷库、物流冷库、仓储冷库都要配备预冷库或预冷设施。

（二）果蔬预冷的作用

①预冷是果蔬保鲜的重要环节和手段，预冷能迅速除去果蔬田间热和呼吸热，降低产品品温和呼吸代谢，最大限度地保持果蔬的新鲜品质，减少营养损失，有利于延长果蔬的货架期和贮藏期。

②迅速降低果蔬产品温度，降低果蔬生化反应速度，抑制生理代谢和微生物活动，减少果蔬的腐烂损失。

③经过预冷和未经过预冷的果蔬相比，贮运时对低温的耐受能力增强，有利于减少冷害和冻害的发生。

④夏季采收的果蔬如长豆角，在长途运输装车前必须先进行预冷，否则产品会腐烂变质，失去商品价值。

（三）预冷方式

①预冷库预冷：果蔬在预冷库内完成预冷。

②差压预冷：装箱的果蔬产品按要求堆码入差压式预冷设备，通过设备内压差式冷空气循环，产品品温迅速降低。一般情况下，果蔬的品温在5~7时内从30摄氏度降到5摄氏度。

预冷设备

③冷水预冷：冷水预冷设备一般为隧道式，采用喷淋或浸泡，冷水（0摄氏度左右）和果蔬直接接触，产品冷却降温快。此方法只适用于不怕水浸的果蔬，如豆角、胡萝卜、荔枝、芦笋等。缺点是易引起病害，对产品长期贮藏不利。

④真空预冷：果品蔬菜放入真空预冷设备，在真空下水分快速蒸发，吸收产品热量（田间热），快速降低产品温度。

（四）预冷库的使用与管理

①预冷库制冷量比普通冷藏库高2~3倍，冷风机风速也要比普通冷库快2~3倍。

②进行预冷的果蔬最好摊开或分箱（筐）放置，如有包装袋，不要密封袋口，避免果蔬在预冷过程中"出汗"。

③根据不同果蔬产品采用不同的预冷操作。

④其他使用与管理要求参考冷藏库。

四、气调库

（一）气调库的概念

气调库是指调节温度、湿度及氧气、二氧化碳、乙烯等的气调冷藏库，是采用土建式、组装式或夹套式等建筑结构，配备机械制冷设备，具有良好保温隔热和气密性结构的仓储建筑。气调库是较先进的果蔬保鲜贮藏设施。

气调机

（二）气调库的分类

①按结构形式分为土建式、组装式和夹套式气调库。

土建式是指主体和地下承重结构都用钢筋混凝土，围护的墙体使用空心砖等砌成；组装式主体采用钢结构，围护采用预制的聚氨酯或聚苯乙烯板材组装而成；夹套式是在冷库内建造一个内夹套结构，夹套内设冷却、气调设备等。

②气调机制氮方式分为燃烧式、分子筛式和中空纤维膜式。

（三）气调库的使用与管理

①果蔬产品入库前，对库房进行气密性检查，包括门、窗等，若检测到"漏气"，应进行维修或更换，直到检查合格后，果蔬产品才可以入库贮藏。

②产品入库前，应对气调设备调气效果进行检测，对检测仪器进行校正，确保设备、仪器正常使用。

气调库

③根据贮藏果蔬的种类、品种，设定温度、湿度、氧气、二氧化碳等参数，提前开启并调试好相关设施设备，产品入库前3天对库房进行预降温。

④贮藏的果蔬产品先进行预冷，尽快完成产品入库，产品入满库后，密闭库房，进行调气，尽快达到贮藏条件。

⑤产品入库后前3周，每12时检测库内温度、湿度、氧气、二氧化碳、乙烯等指标；此后每24时检测一次，并做好记录。

⑥产品贮藏期间确需进入库内时，至少由2人完成。进入库内的人员背好有足够氧气的氧气瓶，戴好氧气面罩，另一人在库外监视，确保入库人员安全。

⑦根据贮藏产品操作要求，定期检测贮藏产品质量，发现问题及时采取措施。

⑧贮藏产品出库前1天，关闭气调设备，解除库房气密状态，打开库门，开启冷风机，强制库内外空气对流，经检测库内气体与正常空气成分接近一致后，才可以进行产品出库。

⑨产品出库完成后，尽快对库房进行清扫消毒，检修、保养各种设备。

⑩其他库房使用与管理要求参考冷藏库。

思考题

1. 简述果品蔬菜贮藏设施有哪些。
2. 什么是通风库？通风库有哪几种？
3. 简述使用通风库贮藏产品应注意的问题。
4. 什么是冷藏库？冷藏库有哪几种？
5. 简述使用冷藏库贮藏产品应注意的问题。
6. 什么是预冷库？预冷方式有哪几种？
7. 简述使用预冷库预冷产品应注意的问题。
8. 什么是气调库？气调库有哪几种？
9. 简述使用气调库贮藏产品应注意的问题。

项目三　果品类产品贮藏

学习目标

1. 掌握苹果贮藏技术；

2. 掌握梨贮藏技术；

3. 掌握桃贮藏技术；

4. 掌握葡萄贮藏技术；

5. 掌握猕猴桃贮藏技术。

一、苹果贮藏技术

苹果是我国主要栽培果树，种植面积和产量都居我国果品生产第一位。一般来说，中晚熟苹果品种较耐贮藏。

（一）贮藏工艺流程

选园→采前准备→采收→挑选、分级、装箱→预冷→贮藏→出库。

（二）贮藏操作要点

1. 选园

保鲜苹果

如条件允许，应选择采用标准化种植、田间生产旺盛、无病虫害的果园产品贮藏。一般来说，幼龄初结果和老树不及旺年果树的果实耐贮藏；树势旺盛的比弱势树的果实耐贮藏；果树负载量大，过度消耗营养物质，削弱植株的营养生长，果实没有足够的营养供应，发育受损，不耐贮藏；施肥比例不当，施氮肥过多的果实，不耐贮藏；田间病虫害严重，生长期间浇水过多或雨水较多的果实，不耐贮藏。用于贮藏的苹果应经过农残、重金属等检验合格。

2. 采前准备

苹果入库前，先彻底清扫库房，再进行消毒。可采用4%的漂白粉溶液或0.5% ~ 0.7%的过氧乙酸溶液喷洒消毒，也可采用臭氧发生器消毒，要按照每100立方米容积5克/时臭氧发生量，库内臭氧浓度要达到10毫升/升左右。消毒结束后应打开库门进行通风。

采收前应备好人字梯、剪刀、摘果器、塑料周转箱、纸箱、木箱、塑料袋、运输车辆、叉车等。

3. 采收

确定采收期：用于贮藏的苹果，应根据品种、产地、果实生长发育的天数、生长期环境状况、果肉可溶性固形物含量、产品贮藏期等商品要求，确定适宜的采收期。用于长期贮藏的苹果，成熟度八至九成采收（适当早采），即果皮呈现本品种特有底色，果实种皮已变褐色；短期贮藏尽可能晚采；中短期贮藏，苹果成熟度介于两者之间。采收前 7 天应停止浇水，如遇雨天，一般雨后 3 天再采收，有晨露时，露水干后采收。

为防止苹果在采收操作过程中出现机械伤，要求人工采摘。果实从树体上采摘顺序为，由上至下，先外后内；一般分 2～3 次采收，第一批采摘外围着色好的果实，3～5 天后选择采摘剩余着色好的果实，再过 3～5 天后采摘完所有果实。采后装箱前，用剪刀剪去果柄，使果柄低于果肩，防止果柄扎伤果皮。操作过程中，要轻拿轻放，避免果实出现机械伤。

4. 挑选、分级、装箱

可根据果实大小、色泽等商品指标要求，采用人工或机械分级，同时去除机械伤、病虫害、畸形等不符合成品要求的果实，分级后按产品要求装箱，分级也可在出库后进行。包装箱可用瓦楞纸箱、塑料周转箱、木箱（可使用容量较大的托盘木箱，利于机械操作，效率更高）等；纸箱、木箱等应做防潮处理，木箱、塑料周转箱要求内壁光滑；包装箱内衬塑料袋厚度一般为 0.03～0.05 毫米。富士苹果要采用 5～10 千克小包装，塑料袋厚度一般为 0.015～0.020 毫米，袋子是否扎紧袋口，要根据不同品种对二氧化碳的耐受程度决定。

5. 预冷

为尽快去除田间热，降低呼吸强度，采收处理后的果实应尽快进行预冷。有预冷设施的在设施内尽快预冷，预冷设施温度为 0±0.5 摄氏度、相对湿度为 85%～90%，预冷在 48 时内完成。没有预冷设施，应入库进行降温，每日入库量控制在库房总容量的 20%～30%。

6. 贮藏

通风库贮藏应选用中晚熟品种，尽可能晚采收（环境温度低），在预冷入库后夜间环境温度低时通风降温，白天进行保温（防升温）；冬季环境温度低时注意保温防冻。温度最好控制在 0±0.5 摄氏度、相对湿度为 85%～95%，气体成分一般控制在氧气 2%～3%、二氧化碳 2%～3%（富士苹果 <1%）。

冷藏库贮藏是国内苹果贮藏的主要方式。入库后的苹果应尽快降温至产品最适贮藏温度，中晚熟苹果一般为 -1~0 摄氏度，湿度和气体成分控制指标同通风库。气体成分（氧气、二氧化碳浓度）控制利用塑料袋或塑料大帐自然降氧来实现，这种简易气调贮藏比气调库贮藏成本低，更适合国内市场。

制冷压缩机组　　　　　　　　　　冷凝器

气调库贮藏入库后的苹果应尽快降温至产品最适贮藏温度，最适氧气、二氧化碳浓度，控制好库内相对湿度。气调贮藏产品贮藏期长，保鲜效果更好。

贮藏病害及防控：苹果贮藏期间病害分为病原菌引起的侵染性病害和生理失调引起的生理病害。侵染性病害主要有青霉病、绿霉病和轮纹病等；防控方法为加强田间管理，采摘、采后处理、贮运等环节注意卫生。生理病害病发原因一般有，果品生产期间施用氮肥过多，土壤无机盐不平衡，树势弱水量大，产品受冷害、冻害，贮运过程中氧气过低或二氧化碳过高。防控措施为加强田间、采收、贮运管理。

7. 出库

出库根据贮藏产品状况和市场需求等进行。装卸产品应轻装、轻放，最好采用冷链运输，在运输过程中，产品温度最好控制在 3~10 摄氏度，运输工具应清洁卫生、无毒、无异味。

二、梨贮藏技术

梨是我国主要栽培树种之一，栽培历史悠久，种类和品种资源极为丰富，我国梨产量居世界第一。梨分为中国梨和西洋梨两大类；我国从南到北，从东到西都有梨树栽培，主要品种有河北鸭梨、黄县长把梨、砀山酥梨、库尔勒香梨、雪花梨、京白梨、早酥梨、莱阳茌梨、丰水梨等。

（一）贮藏工艺流程

选园→采前准备→采收→挑选、分级、装箱→预冷→贮藏→出库。

（二）贮藏操作要点

1. 选园

如条件允许，应选择采用标准化种植、田间生产旺盛、无病虫害的梨贮藏。用于贮藏的梨应经过农残、重金属等检验合格。

2. 采前准备

贮藏库的清理、消毒同苹果贮藏。

采收前应备好人字梯、采果篮、采果袋、塑料周转箱、纸箱、木箱、塑料袋、塑料扎口绳、运输车辆、叉车等。

保鲜梨

3. 采收

确定采收期：用于贮藏的梨，应根据品种、产地、果实生长发育的天数、生长期环境状况、果肉硬度、果肉可溶性固形物含量、果皮色泽、种子色泽、果梗脱离难易程度等确定适宜的采收期。另外，还可结合果实发育有效积温、乙烯释放量、呼吸强度等指标判定成熟度。用于贮藏的梨尤其是软肉梨，应于果实乙烯和呼吸高峰来临之前采收。准确判断梨成熟度，对产品贮藏十分重要：采收过早，果实未充分成熟，梨体积小，产量低，固形物含量低，品质差，不耐贮藏；成熟度过高，果实衰老快，不适合远销和长期贮藏。鸭梨、库尔勒香梨、皇冠梨、丰水梨、黄金梨等应在八成熟时采收。

采收前7天应停止浇水，如遇雨天，一般雨后3天再采收。采收时间以晨露已干、午前或下午4时以后为宜，尽可能降低果实温度，减少田间热。雨天、有雾或露水未干时不宜采收，梨表面有水滴易引起腐烂。必须在雨天等不宜贮藏条件下采摘果实时，需尽快将果品放到通风良好的场所，尽快晾干水分。

采收时双手戴好手套（手套要定时更换，重复使用的线手套必须经过清洗、消毒晒干后使用），用手握住果实底部，拇指和食指提住，向上一抬即可摘下；采摘双果时，一只手握住双果，另一只手摘果，要注意保护果柄。梨果肉脆嫩多汁，容易造成碰伤，导致果肉褐变等伤害，采摘过程中，要轻拿轻放，保持果实完好，避免出现机械伤。摘果顺序是先外后里，由下而上，采摘时要避免碰掉果实和折断树枝。

4. 挑选、分级、装箱

采收后的果实，挑选去除机械伤、病虫害、过生、畸形等产品，再根据形状、大小、色泽、重量、成熟度进行分级，分级由人工或机械完成。分级后的果实根据需要装入瓦楞纸箱（容量为10~15千克）、塑料周转、木箱（大木箱容量为300~500千克）等；箱内可内衬0.02~0.04毫米厚的聚乙烯塑料薄膜袋，对于在贮藏过程中对二氧化碳敏感的品种，可使用透气透水更好的无毒聚氯乙烯塑料袋，也可使用打孔塑薄膜袋，或采用挽口（塑料袋袋口留出一定缝隙）处理。包装后的产品应尽快预冷或入库贮藏。

5. 预冷

采收后的梨，应尽快进行预冷，去除田间热。预冷在预冷库或其他预冷设备完成，预冷库温度为 -0.5 ± 0.5 摄氏度，库内产品堆放密度不超过 200 千克/米³。箱内产品中心温度降至 -1 ~ 0 摄氏度时，预冷完成。鸭梨、皇冠梨等对低温敏感的梨品种，预冷温度为 10 摄氏度以上（11 ~ 15 摄氏度）。

6. 贮藏

库内码放产品要保证空气流通，纸箱包装箱体上必须留出足够通气孔，产品按库房管理要求进行码放。包装件码放密度为 250 千克/米³ 左右，使用容量为 300 ~ 500 千克大木箱时，贮藏密度可提高 10% ~ 20%，有效容积贮量应小于 300 千克/米³。

贮藏温度：白梨、砂梨、雪花梨、丰水梨、黄金梨等最适贮藏温度为 -1 ~ 0 摄氏度；

秋子梨、西洋梨最适贮藏温度为 -0.5 ~ 0.5 摄氏度；

皇冠梨入库温度 6 ~ 8 摄氏度，7 天内缓降温至 0 摄氏度，控温在 0 ± 0.5 摄氏度适合长期贮藏。

鸭梨应采用缓降温方法贮藏，入库温度保持在 11 ~ 15 摄氏度，维持 3 ~ 5 天后进行缓降温，每 3 天降温 1 摄氏度，降至 5 摄氏度，在维持 3 ~ 5 天以后每 2 ~ 3 天降温 1 摄氏度，降至 0 摄氏度。降温过程约 35 天，最后温度控制在 0 ± 0.5 摄氏度。

相对湿度：冷藏库内相对湿度控制在 90% ~ 95%。

气体成分：库尔勒香梨控制在氧气 4% ~ 5%、二氧化碳 1% ~ 2%；巴梨控制在氧气 2%、二氧化碳 3% ~ 5%；黄金梨、丰水梨控制在氧气 3% ~ 5%、二氧化碳 <1%；京白梨控制在氧气 5% ~ 8%、二氧化碳 3% ~ 5%；鸭梨控制在氧气 10% ~ 15%、二氧化碳 0.5% ~ 1%；莱阳茌梨控制在氧气 3% ~ 4%、二氧化碳 <2%；秋白梨控制在氧气 3% ~ 5%、二氧化碳 3% ~ 5%。

在贮藏过程中，应定期检测袋内氧气、二氧化碳浓度，氧气浓度过低或二氧化碳浓度过高，需进行开袋放气；同时要检测乙烯浓度，发现问题应及时通风排除乙烯。

贮藏病害及防控：梨贮藏期间易发生生理性和侵染性病害。生理性病害主要有冷害、冻害、低氧或高二氧化碳中毒造成的病害，鸭梨和皇冠梨等未进行缓降温处理也会造成生理性病害；防控方法为，根据不同品种贮藏技术要求，进行规范操作。侵染性病害主要是由霉菌引起的青霉病、绿霉病、褐腐病和轮纹病等；防控方法为，加强田间管理，减少田间带菌量，注意采摘、贮运等各环节卫生，防止有害菌污染。

7. 出库

根据贮藏产品状况和市场行情等出库产品，全部产品出库完成后，应彻底清扫库房，并进行消毒。在产品装卸过程中，应轻装、轻放，要求使用冷链运输，产品温度最好控制在 2 ~ 10 摄氏度，运输工具应清洁卫生、无毒、无异味，产品在运输过程中不能日晒和雨淋等。

三、桃贮藏技术

桃是我国重要的落叶果树，也是我国最古老的果树品种之一。桃原产我国黄河上游海拔 1 200 ~ 2 000 米的高原地带，有 4 000 多年的栽培历史。桃树适应性强，我国各地都有栽培，桃产量居世界第一。桃早中晚熟品种齐全，早熟品种不耐贮运，离核品种、果肉软溶质品种耐贮性差；晚熟、硬肉、粘核品种，如枣庄冬桃、青州冬雪蜜桃、河北晚香桃、陕西冬桃、中华寿桃等耐贮性较好。短期贮藏适用所有品种，中长期贮藏应选择中晚熟品种，采用冷藏库、气调库贮藏。

（一）贮藏工艺流程

选园→采前准备→采收→挑选、分级、装箱→预冷→贮藏→出库。

（二）贮藏操作要点

1. 选园

如条件允许，应选择采用标准化种植、田间生产旺盛、果实发育正常、无病虫害或病虫害少的桃果园产品贮藏。用于贮藏的产品应经过农残、重金属等检验合格。

2. 采前准备

贮藏库的清理、消毒同苹果贮藏。

采收前应备好人字梯、采果篮、采果袋、塑料周转箱、纸箱、木箱、塑料袋、塑料扎口绳、运输车辆、叉车等。

3. 采收

确定采收期：用于贮藏的桃，应根据品种、产地、果实生长发育的天数、生长期环境状况、果肉硬度、茸毛、果肉可溶性固形物含量、果面颜色、风味等确定适宜的采收期。桃成熟度分为硬熟期和完熟期，硬熟期是指果实在发育过程中果皮绿色开始减退，果肉稍硬，果面丰满，有色品种基本满色，果皮不易剥离的时期；完熟期是指果实充实肥大，果顶颜色变深，果皮底色变为黄绿色或黄白色，有色品种完全着色，果皮与果肉容易分离，果肉变软，极易压伤，呈现出该品种固有浓郁风味。

桃成熟度 4 个等级标准：七成熟，果实充分发育，果肉较硬，果面已平整，缝合线附近稍有坑洼，茸毛较密；八成熟，果皮绿色减退，果面平整，茸毛变少，果肉较硬，有色品种向阳面开始着色；九成熟，果皮绿色几乎完全褪去，果面着色基本完成，呈现该品种固有色泽和风味，桃尖开始变软；十成熟，果肉变软，果实茸毛极易脱落，果皮、果肉呈现该品种固有颜色，风味浓郁，达到最佳食用品质。

用于贮藏的桃果实成熟度要求：果皮绿色从顶部开始减退，出现该品种成熟应有色泽，果实圆润，茸毛变稀少，果肉较硬，有色品种向阳面着色，呈现该品种固有风味。

桃采收前 7 天应停止浇水，如遇雨天，一般雨后 3 天再采收，采前 3 周不再施用氮肥，采前一个月不再喷洒农药等。采收时间以晨露已干、午前或下午 4 时以后为宜，尽可能降低果实温度，减少田间热。雨天、有雾或露水未干时不宜采收，果面有水滴易引起腐烂。必须在雨天等不宜贮藏条件下采摘果实时，需尽快将果品放到通风良好的场所，尽快晾干水分。

在采收操作过程中，采收人员要剪短指甲，双手戴好手套（手套要定时更换，重复使用的线手套必须经过清洗、消毒、晒干后使用）。摘果顺序是先上后下，先外后内，先阳面后阴面，采摘时要避免碰掉果实和折断树枝。要用手握住（不可用力压桃子果面，防止压伤果肉）果实，前后或左右摇动桃果摘下果实，不可用力从果枝上拉下果实，用力过大容易造成果柄脱落，果柄处出现机械伤，要求带果柄采摘果实。采摘时要轻拿轻放，保持果实完好，避免出现机械伤。为防止压伤果实，容器盛放量一般为 5 ~ 10 千克。

4. 挑选、分级、装箱

采收后的果实，挑选去除机械伤、病虫害、过生、过熟、畸形等产品，再根据形状、大小、色泽、重量、成熟度等进行分级。分级由人工或机械完成。分级后的果实按级别装入瓦楞纸箱（容量为 5 ~ 10 千克）、塑料周转箱、木箱等。在包装箱底部垫泡沫包装膜或纸板，每层果实之间加隔层纸板或果托；果实放置到 3 ~ 4 层时，单果应用柔软包装纸或泡沫网套包装，箱内可内衬 0.02 ~ 0.04 毫米厚的聚乙烯塑料薄膜袋。包装后的产品应尽快预冷或入库贮藏。

5. 预冷

采收后的桃，应尽快进行预冷，最好在 2 ~ 3 时内进行预冷。预冷在预冷库或其他预冷设备完成，预冷库温度一般为 0 ± 0.5 摄氏度（根据品种确定最适预冷温度）。库内产品堆放密度一般不超过 200 千克/米^3，产品预冷时需敞开包装箱内衬塑料袋袋口。箱内产品中心温度降至 0 摄氏度时，预冷完成。

6. 贮藏

采用冷藏库或气调库贮藏桃，库内码放产品要保证空气流通，纸箱包装箱体上必须留出足够通气孔，产品按库房管理要求进行码放。包装件码放密度为 250 千克/米^{3}左右。每垛应挂上标签，注明入库时间、品种、产地、数量、等级等。

贮藏温度：最适贮藏温度一般为 −0.5 ~ 0.5 摄氏度，温度控制在 0 ± 0.5 摄氏度。

相对湿度：90% ~ 95%。

气体成分：氧气 2% ~ 4%、二氧化碳 3% ~ 5%。

加塑料袋包装贮藏时，应定期检测袋内氧气、二氧化碳浓度，只要有一项不合格，即氧气浓度低于2%或二氧化碳浓度高于5%，就需开袋放气；同时要检测乙烯浓度，发现问题应及时通风排除库内乙烯。

贮藏病害及防控：桃贮藏期间易发生生理性和侵染性病害，生理性病害表现为果肉变干、褐变、发绵、变软等；主要有冷害、冻害、低氧或高二氧化碳中毒造成的病害；防控方法为，根据不同品种最适温度和气体成分要求，控制好贮藏温度和气体成分。侵染性病害主要为褐腐病和软腐病等引起的果实腐烂；防控方法为，采前喷多菌灵、托布津等杀菌药物，在采收、贮运等过程中加强卫生管理。

7. 出库

根据贮藏产品状况和市场行情等出库产品，全部产品出库完成后，应彻底清扫库房，并进行消毒。在运输过程中，产品应轻装、轻放，要求使用冷链运输，产品温度最好控制在2~4摄氏度，运输工具应清洁卫生、无毒、无异味，在运输过程中的产品不能日晒和雨淋等。

四、葡萄贮藏技术

葡萄是世界四大果品之一，是我国六大果品之一，主要在我国北方地区栽培，近几年南方地区避雨栽培葡萄的面积不断增加。鲜食葡萄栽培品种主要有巨峰、玫瑰香、红地球、无核白、牛奶、夏黑、阳光玫瑰等。鲜食葡萄市场需求量大，早熟、晚熟、保护地栽培等都不能满足葡萄周年供应。随着葡萄保鲜片和微型节能库的应用，鲜食葡萄周年供应问题逐渐得到了解决。

保鲜葡萄

（一）贮藏工艺流程

选园→采前准备→采收、挑选、分级、装箱→预冷→贮藏→出库。

（二）贮藏操作要点

1. 选园

如条件允许，应选择采用标准化种植、田间生产旺盛、无病虫害的果园产品贮藏。用于贮藏的葡萄应经过农残、重金属等检验合格。

在贮藏过程中，对不能耐受高浓度二氧化硫的品种，如红地球等，采收前2~3天，在葡萄果穗喷洒有效成分为TBZ的杀菌剂，杀死有害微生物，能降低入库葡萄产品带菌量。

2. 采前准备

贮藏库的清理、消毒同苹果贮藏。

采收前应备好剪刀、塑料周转箱、纸箱、木箱、塑料袋、吸潮纸、葡萄专用保鲜片、塑料扎口绳、运输车辆、叉车等。

3. 采收、挑选、分级、装箱

确定采收期：用于贮藏的葡萄，应根据品种、产地、果实生长发育的天数、生长期环境状况、果肉可溶性固形物含量等指标，确定适宜的采收期。北方巨峰葡萄可溶性固形物要求在 16% 以上，东部巨峰葡萄可溶性固形物要求在 16%～18%；西部红地球葡萄可溶性固形物要求在 18% 以上，东部红地球葡萄可溶性固形物要求在 16%～18%。

采收前 7 天应停止浇水，如遇雨天，一般雨后 3 天再采收，早晨露水干后采收。贮藏的葡萄应充分成熟，尽可能晚采收（晚采收环境气温低，贮藏保鲜期更长）。

在采收操作过程中，双手戴好手套，一手提起葡萄穗梗，一手持剪刀从母枝处剪断果梗，提起旋转果穗，修剪掉过生、病虫害、机械伤、腐烂果粒等，根据葡萄粒大小进行分级，轻轻放入包装箱。

葡萄包装箱可用瓦楞纸箱、塑料箱、木箱，纸箱等，木箱、塑料箱要求内壁光滑，瓦楞纸箱四侧中间部位留出直径 1.5 厘米的 4 个通气孔，箱体高度一般为 12 厘米，每箱一般放置 1～2 层葡萄，纸箱容量一般不超过 8 千克，木箱和塑料箱容量一般不超过 10 千克；包装箱内先放好与箱体大小一致的 0.025～0.030 毫米无毒聚乙烯袋，红地球葡萄对二氧化硫敏感，要求环境干燥，应使用透湿性较好的无毒聚氯乙烯袋。塑料袋底部放一张防潮纸，放上一层葡萄，再放上按要求处理的专用葡萄保鲜片、颗粒等（如使用保鲜片、塑料袋应先扎孔）；红地球葡萄应使用该品种专用的保鲜剂。

4. 预冷

采收后的葡萄，应尽快进行预冷，去除田间热。葡萄温度高，易造成葡萄失水萎蔫，还易造成贮藏中发生病害，如灰霉病、黑霉病等。预冷设施温度控制在 -1～0 摄氏度，相对湿度为 85%～90%。巨峰等欧美杂交品种预冷时间应在 12 时内，预冷时间过长易引起果梗失水，预冷时间超过 24 时，在贮藏过程中易出现干梗脱粒。产品进行预冷时，应打开箱盖，敞开内衬塑料袋袋口，避免冷却过程中袋内积水。当产品温度降至 0 摄氏度时，扎紧内衬塑料袋袋口，盖上箱盖，入冷藏库码放好。采收后的葡萄若不能进行及时预冷，需放置到阴凉通风处，袋内提前放置葡萄专用保鲜片，时间不得超过 24 时。无预冷设施也可以直接入冷藏库，但要控制好产品入库量，确保冷藏库温度波动不大，避免一次入库产品过多，导致库温骤然上升，库房降温困难，影响产品贮藏质量。

5. 贮藏

葡萄采用冷藏库贮藏，因气体成分对葡萄贮藏质量影响不大，一般不使用气调库贮藏。大部分葡萄产品最适贮藏温度为 -1 ~ 0 摄氏度，库房控温为 -0.5 ± 0.5 摄氏度，相对湿度控制在 90% ~ 95%。库房管理参考冷藏设施要求。

贮藏病害及防控：葡萄贮藏期间易发生干梗、脱粒、腐烂等，贮藏期间应保持稳定的低温（-1 ~ 0 摄氏度）、高湿度（95% 左右）及使用防腐保鲜剂。葡萄在贮藏过程中主要的侵染性病害为灰葡萄孢霉菌引起的灰霉病。即使葡萄贮藏时保持稳定的低温（-1 ~ 0 摄氏度），若不进行定期熏硫处理或使用葡萄保鲜片等，贮藏 40 天左右就会出现由病原菌引起的病害。防控侵染性病害发生的措施为，加强田间病害管理，采收和入库过程做好卫生工作，控制好贮藏温度，使用好葡萄保鲜剂。

6. 出库

根据贮藏产品状况和市场需要等出库产品。巨峰、玫瑰香、龙眼等贮藏期为 5 个月，红地球贮藏期为 2.5 ~ 3.0 个月。出库产品应在缓冲间缓慢升温，时间不少于 16 时，避免因升温过快导致产品结露。全部产品出库完成后，应彻底清扫库房，并进行消毒。在装卸过程中，产品应轻装、轻放，长途使用冷链运输，产品温度最好控制在 2 ~ 10 摄氏度。运输工具应清洁卫生、无毒、无异味；运输车辆减震性能要好，运输时选择平坦路面，避免车辆颠簸摇晃。

五、猕猴桃贮藏技术

猕猴桃是原产于我国的多年生藤本灌木果树，我国栽培历史已有 1 300 多年。猕猴桃风味独特，富含维生素 C 等营养素，主要栽培品种为中华猕猴桃（魁蜜、庐山香、怡香、秋魁、磨山 4 号等）和美味猕猴桃（海沃德、秦美、徐香、马图阿等）。近些年陕西、四川、河南、湖北、云南、山东等地猕猴桃人工栽培发展很快，但猕猴桃采后货架期短，采摘后常温放置 5 ~ 7 天，果实释放大量乙烯，使产品变软，导致产品腐烂。通过贮运保鲜，延长猕猴桃的贮藏期。

保鲜猕猴桃

（一）贮藏工艺流程

选园→采前准备→采收→挑选、分级、装箱→预冷→贮藏→出库。

（二）贮藏操作要点

1. 选园

如条件允许，应选择采用标准化种植、田间生产旺盛、果实发育正常、无病虫害的猕猴桃。用于贮藏的猕猴桃应经过农残、重金属等检验合格。果园从冬季开始加强管理，去除干果、枯枝、落叶等，进行无害化处理。生长期按标准化管理要求，进行浇水、施肥、药物防控等，清除裂果、烂果（进行无害化处理），通过疏花、疏果、修剪等控制果实产量、质量。

2. 采前准备

贮藏库的清理、消毒同苹果贮藏。

采收前应备好人字梯、采果篮、采果袋、果筐（塑料周转箱、纸箱、木箱等）、塑料袋、塑料扎口绳、运输车辆、叉车等。工具、用具、运输车辆应提前进行清扫、清洗、消毒等。

3. 采收

确定采收期：用于贮藏的猕猴桃，应根据品种、产地、果实生长发育的天数、生长期环境状况、果肉硬度、茸毛、果肉可溶性固形物含量、果柄脱离难易程度等确定适宜的采收期。猕猴桃采收过早，果实营养积累不够，不耐贮藏，后熟后品质差。采收过晚，果实成熟度高，很快后熟软化，不耐贮藏；田间温度过低，果实易发生冷害。

用于贮藏的猕猴桃采收指标：果实硬果 12 千克/厘米^2；可溶性固形物 6.2% ~ 7.5%；生长期中华猕猴桃为 145 天左右，美味猕猴桃为 175 天左右；果实果柄基部形成离层；果皮上的茸毛绝大部分脱落；果实干物质含量≥17%；种子发育成该品种应有色泽等。

猕猴桃采收前 2 周应停止浇水，如遇雨天，一般雨后 3 天再采收。采摘前 3 周停止施用氮肥和农药。采收时间以晨露已干、午前或下午 4 时以后为宜，尽可能降低果实温度，减少田间热。雨天、有雾或露水未干时不宜采收，果面有水滴易引起腐烂。必须在雨天等不宜贮藏条件下采摘果实时，需尽快将果品放到通风良好的场所，尽快晾干水分。

在采收操作过程中，采收人员要剪短指甲，双手戴好手套（手套要定时更换，重复使用的线手套必须经过清洗、消毒、晒干后使用）。由于每个果园果实的成熟度有差异，猕猴桃必须分期采收，将适合采收的果实先采收。采摘时，手握果实（不可用力挤压果面，控制好拿放力度，防止压伤果肉），稍向上推，轻轻转动，让其与果梗自然分离，小心放入包装容器，不可用力从果枝上拉下果实。

4. 挑选、分级、装箱

采收后的果实，挑选去除机械伤、病虫害、过生、过熟、畸形等产品，再根据大小、色泽、重量、成熟度等进行分级。分级一般由人工完成。分级后的果实按级别装入瓦楞纸箱（容量为 5 ~ 10 千克）、塑料筐、木箱等，箱深度一般不超过 40 厘米。在包装箱底部垫泡沫包装膜或纸板，每层果实之间加隔层纸板或果托；果实放置到 3 ~ 4 层时，单果应用柔软包装纸或泡沫网套包装，箱内可内衬 0.02 ~ 0.04 毫米厚的聚乙烯塑料薄膜袋。包装后的产品应尽快预冷或入库贮藏。

5. 预冷

采收后的猕猴桃，若有轻微机械伤，入库前应先降温至 15 摄氏度，维持 12 ~ 24 时进行愈伤，完成后进行预冷；不需要愈伤处理的果实，最好采后 8 时内送入预冷库或其他预冷设备，预冷库温度一般为 0 ±0.5 摄氏度（根据产品品种确定最适预冷温度），库内产品堆放密度一般不超过 200 千克/米³，产品预冷时需敞开包装箱内衬塑料袋袋口。箱内产品中心温度降至 0 摄氏度时，预冷完成，在每箱塑料袋内放入乙烯吸附剂，密封包装箱内衬塑料袋袋口。

6. 贮藏

猕猴桃贮藏采用冷藏库或气调库进行，要保证库内空气流通，纸箱包装箱体上必须留出足够通气孔，产品按库房管理要求进行码放。包装件码放密度为 250 千克/米³左右。每垛应挂上标签，注明入库时间、品种、产地、数量、等级等。

贮藏温度：最适贮藏温度一般为 0 ~ 1 摄氏度，库内控温 0.5 ±0.5 摄氏度。

相对湿度：90% ~ 95%。

气体成分：氧气 3% ~ 4%、二氧化碳 ≤ 3%。

猕猴桃在冷藏库加塑料袋包装贮藏过程中，应定期检测袋内氧气、二氧化碳浓度，检测指标不合格时（氧气浓度低于 3% 或二氧化碳浓度高于 3%），需开袋放气；同时要检测乙烯浓度，发现问题应及时通风排除库内乙烯。用冷藏库贮藏产品时，前 2 周每天夜间对库内进行通风换气一次，后改为每 3 天夜间通风换气一次，贮藏 3 个月后再改为每天换气一次，直到产品出库。库内臭氧杀菌，每天通入臭氧 2 次，每次臭氧浓度为 1 毫克/米³，库内有淡淡臭氧味即可。臭氧杀菌 5 时后库房才可以通风换气。

贮藏病害及防控：猕猴桃贮藏期间易发生生理性和侵染性病害，生理性病害表现为果实硬心、不能正常后熟（变软）、果实胀气等；生理性病害是由于田间生产管理不规范，冷害、冻害、低氧或高二氧化碳中毒，使用了假劣保鲜剂等造成；防控方法为，加强田间管理，根据不同品种温度和气体成分要求，控制最适贮藏温度和气体成分，选用合格的保鲜剂等。侵染性病害主要为软腐病、炭疽病、黑斑病和灰霉病等引起的果实腐烂；防控方法为，在果实生长过程中加强田间管理，减少机械伤；采前 3 周田间喷多菌灵、托布津、代森锰锌、扑海因等杀菌药物；采收遇雨，至少经历 2 个晴天，等果实充分干燥后采收；在采收、贮运等过程中，加强卫生管理。

7. 出库

根据贮藏产品状况和市场行情等出库产品，全部产品出库完成后，应彻底清扫库房，并进行消毒。在装卸过程中，产品应轻装、轻放；最好冷链运输，温度控制在 2 ~ 4 摄氏度；运输工具应清洁卫生、无毒、无异味；采用其他运输工具时，在运输过程中应防冻、防晒和雨淋等。

思 考 题

1. 简述什么是塑料袋包装自然降氧。
2. 简述如何使用冷藏库贮藏苹果。
3. 简述如何使用冷藏库贮藏梨。
4. 简述如何使用冷藏库贮藏桃。
5. 简述如何使用冷藏库贮藏葡萄。
6. 简述如何使用冷藏库贮藏猕猴桃。

保鲜蒜薹

项目四　蔬菜类产品贮藏

学习目标

1. 掌握蒜薹贮藏技术；
2. 掌握大蒜（干蒜、鲜蒜）贮藏技术；
3. 掌握马铃薯贮藏技术；
4. 掌握甘薯贮藏技术；
5. 掌握生姜贮藏技术；
6. 掌握大葱贮藏技术。

一、蒜薹贮藏技术

大蒜在我国广泛种植，蒜薹是大蒜植株鳞茎中央抽薹形成的花薹和花序。蒜薹营养丰富，市场需求量大，保护地种植无法解决蒜薹长期供应问题。蒜薹是我国蔬菜冷藏产品中贮藏量大、贮藏期长的蔬菜之一，贮藏蒜薹的经济效益一直较好。我国蒜薹主要产区有山东苍山、金乡、莱芜，江苏射阳、邳州，河南中牟、杞县，河北大名、永年等。

（一）贮藏工艺流程

选园→采前准备→采收、挑选、捆扎→预冷→贮藏→出库。

（二）贮藏操作要点

1. 选园

如条件允许，应选择采用标准化种植、田间生产旺盛、无病虫害的蒜薹产品贮藏。蒜薹产品田间生长状况与贮藏产品质量和贮藏期关系密切。用于贮藏的蒜薹应经过农残、重金属等检验合格。

2. 采前准备

贮藏库的清理等参考苹果贮藏。

采收前应备好收割刀（蒜薹专用）、剪刀、防水蛇皮雨布、塑料捆扎绳、塑料袋、硅窗袋、运输车辆、氧气二氧化碳分析仪、透明胶带、橡胶手套、无菌毛巾等。

3. 采收、挑选、捆扎

确定采收期：用于贮藏的蒜薹，应在薹苞下部变白，薹苞未发育，蒜薹顶部向下弯曲，与植株垂直即直薹期采收。采收过早，蒜薹未发育完全，营养积累不够，产量低，不耐贮藏；采收过晚，薹苞发育，薹条纤维化，食用品质变劣，产品不耐贮藏。采收前7天停止浇水，如遇雨天，一般雨后3天再采收，采收时间以晨露已干、午前或下午4时以后为宜，尽可能降低蒜薹品温，减少田间热。采收最好采用提薹法，一手抓住薹条，用力拔出，此法效率高，拔出的薹条长度不均；铲薹法在生产上应用较多，一手提薹，另一手拿蒜薹专用收割刀，顺着薹条连续向下割破鳞茎3片叶子，倾斜工具切段拔出蒜薹。拔薹后去除病虫害、薹条过短（薹条长度小于30厘米）、过细（薹条直径小于3毫米）、过嫩和过老、机械伤等的蒜薹，去除薹条上残留的叶片，1千克左右捆扎成一捆，放到干净的防水蛇皮雨布上（不可直接放到田间地面，防止地面微生物等污染薹条）。

蒜薹保鲜用品

4. 预冷

蒜薹采收期：我国南方地区为4~5月，北方地区一般为5~6月。蒜薹温度高，呼吸强度大，营养消耗多，影响产品的长期贮藏。一般要求蒜薹采后4时内进行预冷降温。有条件的地方，先在阴凉处或预冷库，解开捆绑塑料绳，根据产品质量要求，对蒜薹进行挑选分级。薹苞向下2~3厘米、薹尾部向上5~7厘米处，用塑料绳捆扎紧，每把重量为1千克左右。蒜薹预冷在预冷库或预冷设备完成，预冷库温度为−1~0摄氏度，相对湿度为85%~90%。当产品中心温度降到0摄氏度左右时，根据蒜薹产品贮藏期要求，选择是否装入塑料袋或硅窗袋。贮藏期不超过3个月或采用气调库贮藏时，产品不需装袋，直接码入冷藏库或气调库货架即可。采用冷藏库贮藏，贮藏期超过3个月，必须采用聚乙烯或聚氯乙烯塑料袋或有硅窗的聚乙烯塑料袋密封贮藏；使用硅窗袋贮藏时，袋子使用前，用剪刀等去除硅窗上的塑料膜。塑料包装贮藏是利用自然降氧，进行简易气调贮藏。塑料袋厚度一般为 0.04 ~ 0.06 毫米、长 1 000 ~ 1 100 毫米、宽 600 毫米或 700 毫米，每袋装量为 15 ~ 20 千克，要求薹尾向内，薹梢向外装入袋中。无预冷库或预冷设施时，蒜薹先放在阴凉处通风降温，再入库贮藏，注意每天入库量不宜过大，避免库内温度变化过大，产品入库后尽快降至适宜贮藏温度。

5. 贮藏

蒜薹贮藏采用冷藏库或气调库贮藏，预冷（或不进行）后的蒜薹码放到货架上，薹梢向外（过道），每层叠放两袋，当袋内薹条温度稳定在 0 摄氏度时，用塑料绳扎紧袋口。冷藏库、气调库贮藏，库内（袋内）温度、湿度、气体成分按下列指标参数运行。

贮藏温度：最适贮藏温度一般为 -1 ~ 0 摄氏度，库内控温 -0.5 ± 0.5 摄氏度。

相对湿度：冷藏库内相对湿度控制在 90% ~ 95%。

气体成分：氧气 3% ~ 5%、二氧化碳 5% ~ 8%。

蒜薹冷藏库使用：在加塑料袋包装贮藏过程中，应检测袋子密封性，袋子密封不好，更换新袋或用透明胶带进行补漏密封；定期检测袋内氧气、二氧化碳浓度，检测指标不合格（氧气浓度过低或二氧化碳浓度过高）时，需开袋放风；贮藏前期一般每周开袋放风一次（硅窗袋包装一般不用），中期一般 2 周一次，后期一般 7 ~ 10 天一次，每次解口放风 3 ~ 4 时。袋内气体浓度变化与装入蒜薹量、蒜薹品种、塑料袋种类、塑料袋厚度等因素有关，是否进行解口放风操作，以氧气、二氧化碳等检测数据为标准。在产品贮藏过程中，应尽可能保持库温稳定，防止温度变化过大，造成蒜薹"出汗"，袋内积水；发现袋内积水时，及时解开袋口，用消毒后的干毛巾擦去水分。

贮藏病害及防控：蒜薹贮藏期间易发生生理性和侵染性病害。生理性病害主要由冻害和二氧化碳中毒等引起。防控方法为，在贮运过程中加强温度管理，防止蒜薹受冻；加强氧气、二氧化碳检测，防止氧气浓度过低、二氧化碳浓度过高。侵染性病害主要为微生物引起的发霉腐烂。防控方法为，在大蒜生长过程中加强田间管理，减少蒜薹机械伤；采前喷多菌灵、托布津、代森锰锌、扑海因等杀菌药物；在采收、贮运等过程中，加强卫生管理等。

6. 出库

根据贮藏产品状况和市场行情等出库产品，全部产品出库完成后，应彻底清扫库房，并进行消毒。产品最好采用冷链运输，温度控制在 10 摄氏度以下，运输工具应清洁卫生、无毒、无异味，在运输过程中应防冻、防晒和雨淋等。

二、大蒜贮藏技术

大蒜又名胡蒜，属百合科草本植物，是我国四辣蔬菜之一，国内广泛种植。大蒜主要产区为山东、河南、江苏、河北、云南等。大蒜按鳞茎外皮颜色分为白皮蒜和紫皮蒜；按鳞茎多少分为大瓣蒜（4～8瓣）和小瓣蒜（10～20瓣）。大蒜是我国农产品出口的主要品种之一，年出口40余万吨，出口大蒜以冷藏库贮藏大蒜为主。我国冷藏库主要贮藏干蒜，近几年也有小部分鲜蒜贮藏。

　保鲜干蒜

　保鲜鲜蒜

（一）贮藏工艺流程

选园→采前准备→采收、晾晒、处理、装袋→预冷→贮藏→出库、分级、包装、运输。

（二）贮藏操作要点

1. 选园

如条件允许，应选择采用标准化种植、田间生产旺盛、无病虫害的大蒜贮藏。用于贮藏的大蒜应经过农残、重金属等检验合格。

2. 采前准备

贮藏库的清理等参考苹果贮藏。

采收前应准备挖蒜铲、挖蒜机、剪刀、透气网袋、蛇皮袋、塑料袋、纸箱、塑料周转箱、运输车辆、叉车、大蒜分级机等。

3. 采收、晾晒、处理、装袋

确定采收期：用于贮藏的大蒜，应在蒜薹采收后10～20天，大蒜叶片1/2～2/3变黄，鳞茎充分肥大时采收。采收过早，营养积累不够，风味淡，产量低，不耐贮藏；采收过晚，蒜头鳞茎外皮层数变少、发黑、蒜头散瓣等，严重影响大蒜的商品质量和贮藏性。

大蒜采收前7天停止浇水，如遇雨天，一般雨后3天再采收。贮藏鲜蒜，可在大蒜收获前7天，用0.10%～0.15%的青鲜素水溶液喷洒大蒜（也可不进行），有利于鲜蒜贮藏保存。采收由人工或机械完成，干大蒜就地进行晾晒。从田间挖出的大蒜，抖去蒜头根部泥土，蒜头并齐，放到田间，后排蒜叶盖住前排蒜头（收获后蒜头含水高，在强烈阳光下暴晒，易造成大蒜内部变软），晾晒2～3天后，用专用工具挖去大蒜根部，在蒜头上部 1.5 ~ 2.0 厘米处剪去蒜秆，再晾晒 5 ~ 7 天，蒜头外层叶鞘逐渐干缩呈膜状，即可装入透气网袋，放到阴凉通风处码垛保藏。在产品处理过程中，应轻拿轻放，防止碰伤蒜头，同时去除机械伤、病虫害、散瓣、发霉等不符合要求的蒜头。通过高温晾晒使蒜头失水干燥，可防止大蒜在常温保藏过程中发霉变质，又可以使大蒜快速进入生理休眠期。晾晒过程中遇到阴雨天时，应采取措施防止雨淋。贮藏鲜蒜，抖去根部泥土后，剪去根须和蒜秆（蒜头上部留 1.5 ~ 2.0 厘米蒜秆），扒去外层带土老皮，去除机械伤、病虫害、散瓣、发霉等不符合要求的蒜头，放入内衬为专用保鲜膜（厚度一般为 0.03 毫米）的塑料周转箱内，尽快运往预冷库预冷或入冷藏库、气调库等。

4. 预冷

大蒜收获后经过晾晒进入生理休眠期，休眠期一般为 2 ~ 3 个月。用冷藏库贮藏干蒜时，要在大蒜休眠期结束前，放入冷藏库低温贮藏（大蒜在低温下强制休眠）。大蒜休眠期结束时间一般在 7 月底或 8 月初。环境温度较高时，预冷库或预冷设备降温到 0 摄氏度，有利于入库后产品控温。大蒜在田间晾晒后，为进一步干燥大蒜，使用透气网袋，因搬运码放过程中容易破损，入库前可以换用容量更大的蛇皮编织袋（也可以不更换）。鲜蒜在田间装箱后应尽快进行预冷，有塑料袋包装时，要敞开袋口预冷。当产品中心温度降到 0 摄氏度时，预冷结束。

5. 贮藏

大蒜耐贮性较好，生产上主要采用冷藏库贮藏。经预冷的大蒜码放到库内货架上，或者在库内按要求码放。若无预冷条件，一般在夜间或早上产品温度较低时入库，要控制每天入库量，入库后尽快使产品品温降到最适贮温。鲜蒜入库后，当产品温度降至 -1 摄氏度时，密封保鲜袋，把产品码放到货架上或按要求码放。每垛（或货架）应挂上标签，注明入库时间、品种、产地、数量、等级等。

贮藏温度：干蒜最适贮藏温度一般为 -2 ~ -1 摄氏度，库内控温 -1.5 ± 0.5 摄氏度；鲜蒜最适贮藏温度一般为 0 ~ 1 摄氏度，库内控温 0.5 ± 0.5 摄氏度。

相对湿度：冷藏库内相对湿度干蒜控制在 65% ~ 75%，鲜蒜控制在 90% ~ 95%。

气体成分：干蒜控制在氧气 3.5% ~ 5.5%、二氧化碳 12% ~ 16%；鲜蒜控制在氧气 >6%、二氧化碳 ≤10%。

贮藏病害及防控：大蒜贮藏期间易发生侵染性病害，由于大蒜对低温和二氧化碳等耐受能力强，在贮运过程中较少发生生理性病害。侵染性病害主要为微生物引起的青霉病、曲霉病等。防控方法为，在大蒜生长过程中加强田间管理，减少大蒜机械伤；采前喷多菌灵、托布津、代森锰锌、扑海因等杀菌药物；在采收、贮运等过程中，加强卫生管理等。

大蒜贮藏库

6. 出库、分级、包装、运输

根据贮藏产品状况和市场行情等出库产品，全部产品出库完成后，应彻底清扫库房，并进行消毒。生产上大蒜挑选、分级一般是在贮藏结束后进行，根据产品销售需要或客户要求进行分级和包装，剔除机械伤、病虫害、畸形、散瓣等产品，剥去外层老皮，按规格要求进行包装、装箱等。运输最好采用冷链运输，温度控制在10摄氏度以下，运输工具应清洁卫生、无毒、无异味，在运输过程中应防冻、防晒和雨淋等。

三、马铃薯贮藏技术

马铃薯又名土豆、洋芋、山药蛋、地蛋等，是全球第四大重要的粮食作物，仅次于小麦、稻谷和玉米。我国马铃薯生产形成了以辽宁、黑龙江、吉林为主的东北生产区，山西、内蒙古、河北等地为主的华北生产区，陕西、甘肃、青海、宁夏、新疆等地为主的西北生产区，湖北、湖南等地为主的中南生产区，云南、贵州、四川等地为主的西南生产区，广东、福建、广西、海南等地为主的南方生产区。

马铃薯按成熟时间分为极早熟、早熟、中熟、中晚熟和晚熟，按用途分为种薯、鲜食薯和加工薯。一般来说，晚熟品种耐贮性优于早熟品种，生长期间施用氮肥少、雨水少、物质积累多、田间长势好的马铃薯耐贮藏。

马铃薯贮藏方式有，在阴凉通风处堆放，通过通风库、冷藏库贮藏等。随着近几年各地冷藏库的普及，很多地区马铃薯都采用冷藏库贮藏。冷藏库贮藏的马铃薯产品质量好，贮藏期长，贮藏产品和采收后的鲜薯几乎无差别。

贮藏马铃薯

（一）贮藏工艺流程

选园→采前准备→采收、挑选、分级、装箱→预冷→贮藏→出库。

（二）贮藏操作要点

1. 选园

如条件允许，应选择采用标准化种植、田间生产旺盛、无病虫害的马铃薯贮藏。

用于贮藏的马铃薯应经过农残、重金属等检验合格。

2. 采前准备

贮藏库的清理等参考苹果贮藏。

采收前应准备镰刀、马铃薯挖掘工具、挖掘机、透气网袋、蛇皮袋、塑料袋、纸箱、塑料周转箱、发泡网、运输车辆、叉车等。

3. 采收、挑选、分级、装箱

确定采收期：可根据田间生长状况、生长期、气温变化、市场需求等确定采收时间，贮藏用和加工用马铃薯应达到生理成熟期。采收前 7 天停止浇水，如遇雨天，一般雨后 3 天再采收。采收前先割去马铃薯植株，人工或机械挖掘马铃薯，挖出的马铃薯在田间进行短时间晾晒，使表皮干燥，但不可在阳光下暴晒。挑选去除机械伤、病虫害、表皮发青、裂果、腐烂发霉等马铃薯，根据产品要求进行分级；马铃薯单果可套上发泡网（也可不进行），放入有内衬塑料袋的瓦楞纸箱或塑料周转箱，也可放入透气网袋、蛇皮袋等。

4. 预冷

包装后的马铃薯应尽快运到预冷库进行降温，包装箱内有内衬塑料袋包装时，要敞开袋口预冷。预冷库温度种薯为 2 摄氏度、鲜食薯为 4 摄氏度、加工薯为 6 摄氏度。包装产品中心温度降至最适温度时，预冷结束。

5. 贮藏

经预冷的马铃薯码放到库内货架上，或者在库内按要求码放。无预冷条件时，一般在夜间或早上产品温度较低时入库，要控制每天入库量，入库后尽快使产品品温降到最适贮温。马铃薯入库后，当产品温度降至最适温度时，密封纸箱或塑料周转箱内衬保鲜袋，把产品码放到货架上或按要求码放。每垛（或货架）应挂上标签，注明入库时间、品种、产地、数量、等级等。

种薯最适贮藏温度一般为 2~4 摄氏度，库内控温 2.5±0.5 摄氏度；相对湿度 85%~95%；二氧化碳 ≤0.2%。

鲜食薯最适贮藏温度一般为 1~2 摄氏度，库内控温 4.5±0.5 摄氏度；相对湿度 85%~95%；二氧化碳 ≤0.5%。

加工薯最适贮藏温度一般为 6~10 摄氏度，库内控温 6.5±0.5 摄氏度；相对湿度 85%~95%；二氧化碳 ≤0.5%。

注意：不同用途的马铃薯应分库贮藏，避光贮藏鲜食薯，库内照明选用低功率 LED 灯。加工用薯干物质含量应保持在 20%~25%；在贮藏过程中，果实内还原糖含量应保持稳定，控制在 0.3% 以下。

贮藏病害及防控：马铃薯贮藏期间易发生生理性病害和侵染性病害。生理性病害主要为冷害、冻害、二氧化碳中毒等引起的马铃薯黑病，也会出现发芽、青皮等；防控措施为，在贮运过程中加强温度和气体成分管理，避光贮藏。侵染性病害主要为病毒、真菌、细菌等引起的病害；真菌性病害有早疫病、晚疫病、粉痂病、干腐病、癌肿病等；细菌性病害有软腐病、青枯病、黑胫病、环腐病等。防控方法为，选用脱毒苗种植，在马铃薯生长期间加强田间管理；在采收、贮运过程中，防止出现机械伤，加强卫生管理，在贮运过程中保持适宜的低温等。

6. 出库

根据贮藏产品状况和市场行情等出库产品，全部产品出库完成后，应彻底清扫库房，并进行消毒。产品最好采用冷链运输，温度最好控制在 10 摄氏度以下，运输工具应清洁卫生、无毒、无异味，在运输过程中应防冻、防晒和雨淋等。

四、甘薯贮藏技术

甘薯又名红薯、地瓜、红苕等，我国是世界上最大的甘薯生产国，甘薯在我国分布广、品种多，主要品种有济薯25、冀薯98、豫薯7号、郑红22、烟薯25等。甘薯按种植时间分为春薯和夏薯；根据用途和生物学特性分为鲜食型、烘烤型、水果型、蔬菜型、淀粉型等。甘薯不同品种耐贮性差异较大，一般来说，淀粉型品种如紫薯、烟薯29等耐贮藏；鲜食、烘烤型品种如烟薯25、济薯26等含糖量高，薯皮较薄，不耐贮藏。

贮藏甘薯

（一）贮藏工艺流程

选园→采前准备→采收、挑选、分级、装箱→贮藏→出窖。

（二）贮藏操作要点

1. 选园

如条件允许，应选择采用标准化种植、田间生产旺盛、无病虫害的甘薯贮藏。用于贮藏的甘薯应经过农残、重金属等检验合格。

2. 采前准备

采收前应准备镰刀、甘薯挖掘工具、挖掘机、透气网袋、蛇皮袋、塑料袋、纸箱、塑料周转箱、运输车辆、叉车等。

3. 采收、挑选、分级、装箱

确定采收期：甘薯是块根作物，属于营养器官，没有明确的成熟期和收获期，甘薯茎叶也无明显成熟标志，15 摄氏度以上可以长期生长，温度在 20 摄氏度以上时，红薯处于快速生长期。当红薯地土壤温度降到 15 摄氏度时采收，气温降至 12 摄氏度时采收结束；收获过早甘薯产量低，环境温度高，甘薯呼吸强度大，物质消耗快，对长期贮藏不利；收获过晚（9 摄氏度以下），甘薯受冷害，导致贮藏失败。春薯生长期一般为 150～200 天，夏薯一般为 100～120 天，根据田间生长状况、生长期、气温变化、市场需求等确定甘薯采收时间。甘薯采收前 2 周停止浇水，采前若遇到下雨，一般 3 天后采收。采收前先割去甘薯植株，人工或机械挖掘出甘薯，采收过程中应尽可能减少薯块机械伤。甘薯采收后可进行短时间晾晒，使表皮干燥。挑选去除机械伤、病虫害、裂果、腐烂发霉、水浸等甘薯，根据产品要求进行分级，分级后的产品装入蛇皮袋、瓦楞纸箱、塑料周转箱等。

甘薯块根体积大，水分含量高（含水 60%～80%），皮薄肉嫩，在采收、挑选、分级、包装、贮运、入窖码放、出窖运输等过程中，易造成薯块擦伤、压伤等。机械伤是造成甘薯贮藏期缩短和病害发生的重要因素。处理甘薯时，一定要轻拿、轻放，尽可能减少机械伤。

4. 贮藏

甘薯喜温怕冷，地窖保温效果好，是甘薯贮藏最主要的方式。随着甘薯种植产业化、规模化发展，很多产地在田间建设了大型地下窖（贮量百吨至千吨），既不影响农作物种植，又方便甘薯贮藏。

准备贮藏甘薯前，应检查窖体的安全性，窖内照明、通风、排水、监测探头等用电线路、设施、设备是否正常，排除安全隐患，保证正常运行。

要对窖体进行彻底清扫，产品入窖前 2 周，打开窖门和通风口，对窖体进行通风换气。关闭窖门和通风口，使用 0.6%～0.8% 的过氧乙酸溶液、0.8%～1.2% 的次氯酸钠溶液或 50% 多菌灵 600 倍液等进行窖内消毒，消毒期间需密闭地窖 24～48 时，消毒结束后通风 24～48 时排除消毒剂。

收获的甘薯最好当天入窖，按照要求由里向外，依次堆放。每垛或窖洞应挂上标签，注明入库时间、品种、产地、数量、等级等。鲜食薯每入满一个窖洞，有条件的可关闭通风口和窖门，使窖内温度升至 32～38 摄氏度，维持 2～6 天，对甘薯进行愈伤，使薯块表皮木栓化；再通风降温，进入甘薯贮藏周期。

贮藏期管理：前期环境温度高，甘薯呼吸强度大，窖内温度高，在夜间或早上进行通风换气，降低窖内温度和湿度；窖温过高和窖内湿度过大时，应控制好每次通风换气量，防止堆垛表面与堆垛内部甘薯温度差异过大，造成低温薯块表面"出汗"，影响甘薯贮藏；中期通过关闭通风口和窖门防止窖温低于 9 摄氏度，甘薯发生冷害；后期随着环境温度升高，在白天气温高时，关闭窖门和通风口防止窖内温度升高。贮藏期间定期检查窖内温度、湿度和窖内产品状况，有条件的可在窖内安装氧气、二氧化碳检测探头，监测氧气、二氧化碳浓度。

贮藏温度：最适贮藏温度一般为 10～15 摄氏度，窖内控温 11～12 摄氏度。

相对湿度：80%～90%。

气体成分：氧气 >15%、二氧化碳 ≤5%。

以上是一般甘薯的贮藏指标。产地、品种、生长条件等不同，产品贮藏指标也会有差异。烟薯 25 贮藏指标为，温度 9～11 摄氏度、相对湿度 75%～80%。

贮藏病害及防控：甘薯贮藏期间易发生生理性病害和侵染性病害。生理性病害主要由冷害、冻害、低氧和高二氧化碳中毒引起，窖温过高时会导致甘薯发芽；防控措施为，在贮运过程中加强温度和气体成分管理。侵染性病害主要由微生物引起，主要有软腐病、干腐病、青霉病、黑斑病、灰霉病等。防控方法为，在甘薯生长期间加强田间管理；在采收、贮运过程中，防止出现机械伤，加强卫生管理，在贮运过程中保持适宜的低温等。

5. 出窖

根据贮藏产品状况和市场行情等出库产品，全部产品出库完成后，应彻底清扫库房，并进行消毒。运输工具应清洁卫生、无毒、无异味，在运输过程中控制好甘薯品温，防冷害、冻害、日晒和雨淋等。

五、姜贮藏技术

姜又称生姜，是多年生草本植物，我国各地都有种植。姜的食用部分为地下块根，姜含有姜油酮、姜油酚和姜油醇等挥发性精油。姜根据表皮颜色分为白姜、紫姜、绿姜和黄姜等。

贮藏生姜

（一）贮藏工艺流程

选园→采前准备→采收、挑选、分级、装箱→贮藏→出窖（库）。

（二）贮藏操作要点

1. 选园

如条件允许，应选择采用标准化种植、田间生产旺盛、无病虫害的姜贮藏。用于贮藏的姜应经过农残、重金属等检验合格。

2. 采前准备

采收前应准备姜挖掘工具、剪刀、打孔塑料袋、纸箱、塑料周转箱、运输车辆、叉车等。

3. 采收、挑选、分级、装箱

确定采收期：根据姜的田间生长状况、生长期、气温变化、市场需求等确定采收时间。当姜生长地土壤温度降到 15 摄氏度时采收，气温降至 12 摄氏度时采收结束；姜采收前 2 周停止浇水，采前若遇到下雨，一般 3 天后采收。姜采收一般由人工完成，采收时应尽可能减少姜块机械伤。姜采收后在田间晾晒，使表皮干燥。去除茎叶、根须等，保留地上茎 2~3 厘米；挑选去除机械伤、病虫害、腐烂发霉、水浸等姜块，根据产品要求进行分级；分级后的产品装入瓦楞纸箱、塑料周转箱等，箱内可内衬打孔塑料袋，折叠袋口进行"密封"。

4. 贮藏

姜喜温怕冷，贮藏温度一般为 10~15 摄氏度，9 摄氏度以下发生冷害。

地窖（传统井窖已被现代"非"字形大型窖代替）是姜主要的贮藏方式，生产上也可采用冷藏库贮藏。

地窖和冷藏库产品入窖（库）前管理，参考甘薯和苹果贮藏。

田间装箱后的姜应尽快转运到地窖或冷藏库，产品按照地窖或冷藏库要求进行码放，窖门和通风口等应设置防虫、防鼠网等。姜前期圆头时控制地窖或冷藏库内温度为 15~17 摄氏度、相对湿度为 65%~75%，前期加强通风，降温排湿和防止无氧呼吸发生。这个过程中，根茎逐渐老化，皮肉相合，形成变厚且不易脱落的完好周皮，残茎完全脱落，疤痕逐渐愈伤长平，顶芽长圆，时间一般为 20~30 天。圆头期后，窖温或库温控制在 13~14 摄氏度。

姜贮藏过程（前、中、后期）管理，参考甘薯贮藏。

姜圆头期贮藏温度一般为 15~17 摄氏度、相对湿度为 65%~75%。

中后期贮藏温度一般为 13~14 摄氏度、相对湿度为 85%~95%。

贮藏病虫害及防控：姜贮藏期间易发生生理性病害、侵染性病害及虫害。生理性病害主要由冷害、冻害、低氧和高二氧化碳中毒引起，窖温过高也会使姜发芽；防控措施为，在贮运过程中加强温度和气体成分管理。侵染性病害主要由微生物引起。防控方法为，在姜生长期间加强田间管理；在采收、贮运过程中防止出现机械伤，加强卫生管理，在贮运过程中保持适宜的低温，防止窖内湿度过大等。姜贮藏期间虫害主要有姜蛆和姜根线虫；防控方法为，加强生长过程中田间虫害管理，贮藏产品严格挑选，去除病虫害产品，采收、贮运、贮藏窖等做好防虫、杀虫工作。

5. 出窖（库）

根据贮藏产品状况和市场行情等出窖（库）产品，全部产品出窖（库）完成后，应彻底清扫地窖（库），并进行消毒。运输工具应清洁卫生、无毒、无异味，在运输过程中控制好产品品温，防冷害、冻害、日晒和雨淋等。

六、大葱贮藏技术

大葱为百合科植物，我国栽培历史悠久，各地都有种植，以山东、河北、河南等地为主产区。大葱叶簇生、管状，圆筒形而中空，先端尖，叶表面披蜡粉；多层叶鞘环状排列抱和形成假茎。假茎即葱白，是经培土软化栽培后的白色部位，假茎是大葱营养素的储藏器官和食用部分，大葱产量取决于假茎长度和粗度。

（一）贮藏工艺流程

选园→采前准备→采收、挑选、分级、包装、装箱→预冷→冷藏库贮藏→出库。

保鲜大葱

（二）贮藏操作要点

1. 选园

如条件允许，应选择采用标准化种植、田间生产旺盛、无病虫害的大葱贮藏。用于贮藏的大葱应经过农残、重金属等检验合格。

2. 采前准备

采收前应准备大葱挖掘工具、挖掘机、剪刀或打孔塑料袋、纸箱、塑料周转箱、运输车辆、叉车等。

3. 采收、挑选、分级、包装、装箱

确定采收期：根据大葱的田间生长状况、生长期、气温变化、市场需求等确定采收时间。一般在霜降前气温降至 4 ~ 5 摄氏度，管状叶由厚变薄，大葱生长停止，底部叶片呈现枯黄状态，葱径达 2 ~ 3 厘米时采收。收获过早，风味差，产量低；过晚采收，营养成分转移，使假茎中空、纤维化，食用品质下降。

大葱采收前 2 周停止浇水，如遇雨天，一般雨后 3 天再采收。采收应在晨露已干后进行，大葱采收一般由人工挖掘或机器结合人工完成，先在大葱一侧 5 厘米处挖松根部土壤，用手轻轻拔出大葱，抖去根茎部泥土，再将根部向阳整齐排放在田间，晾晒 3 ~ 6 时，使葱白表层结膜。

在采收过程中，应尽可能减少大葱机械伤，产品田间晾晒后，挑选去除有机械伤、病虫害，以及腐烂发霉的大葱，要求葱白无严重发空发软和汁液外溢，无异味等。一般大葱在田间捆成 5 ~ 10 千克的捆，运输至分级车间进行分级包装，也可以在田间完成。根据成品要求对大葱进行处理，如剪去葱叶，清理干净大葱表皮污物，按葱白长度、粗细、重量等进行分级、捆扎、包装（包装物可以为保鲜膜、打孔塑料袋、纸盒等），再装入四周预留孔洞的纸箱、塑料周转箱等。

4. 预冷

大葱放入冷藏库前品温较高时，应用预冷库或预冷设施对大葱进行预冷，预冷间温度为 −1 ~ 0 摄氏度，当产品中心温度达到 0 摄氏度左右时，即可入库贮藏；若霜降前大葱品温较低，可以不进行预冷，直接入库。

5. 冷藏库贮藏

大葱贮藏方法有多种，冷藏库贮藏控温、控湿稳定，贮藏期长，产品保鲜质量好；冷藏库贮藏是大葱保鲜的主要方式。经预冷的大葱码放到库内货架上，或者在库内按要求码放。入库后尽快使产品品温降到最适贮温。每垛（或货架）应挂上标签，注明入库时间、品种、产地、数量、等级等。在产品贮藏过程中，一般每 7 ~ 10 天夜间或早上对库房进行 30 分通风换气，定期检查库内产品质量。

贮藏温度：最适贮藏温度一般为 0 ~ 1 摄氏度，库内控温 0.5 ± 0.5 摄氏度。

相对湿度：冷藏库内相对湿度控制在 80% ~ 85%。

贮藏病虫害及防控：大葱对低温耐受能力强，贮藏期间不会发生因冷害、冻害等造成的生理性病害。侵染性病害主要由微生物引起，主要有软腐病、紫斑病等。防控方法为，在大葱生长期间加强田间管理；在采收、贮运过程中，防止出现机械伤，加强卫生管理，保持适宜的低温，防止冷藏库湿度过大等。

6. 出库

根据贮藏产品状况和市场行情等出库产品，全部产品出库完成后，应彻底清扫冷藏库，并进行消毒。运输工具应清洁卫生、无毒、无异味，在运输过程中控制好大葱温度，防日晒和雨淋等。

思考题

1. 简述如何贮藏使蒜薹保鲜期在 3 个月以上。

2. 简述如何使用冷藏库贮藏大蒜（干蒜）。

3. 简述如何使用冷藏库贮藏鲜蒜。

4. 简述如何使用冷藏库贮藏马铃薯。

5. 简述如何使用地窖贮藏甘薯。

6. 简述如何使用地窖贮藏姜。

7. 简述如何使用冷藏库贮藏大葱。

模块三　果品、蔬菜、食用菌类等农产品产业化生产

项目一　产业化果品、蔬菜、食用菌干制

学习目标

1. 掌握干制的概念、方法；
2. 掌握果品烘干和冻干加工方法；
3. 掌握蔬菜产品烘干和冻干加工方法；
4. 了解食用菌干制方法。

干制（又称脱水）可去除果品、蔬菜、食用菌中的水分，提高产品中可溶性固形物含量，降低产品的水分活度（产品低水分活度能抑制微生物生长繁殖、酶的活性和物质氧化），能够更好保持产品品质。干制方法有自然干制和人工干制。

自然干制是利用日晒、通风等方法去除产品中的水分。自然干制操作方便，成本低，但受环境条件影响大，干制时间长，产品质量相对差。

人工干制是人工控制干制温度、湿度、真空度、通风量等干制条件，使产品快速蒸发水分的操作。人工干制时间短，产品品质好，需要有相应的设备、设施，干制成本和技术要求高。人工干制可采用烘房、干制机械（隧道式、滚筒式、带式、喷雾干燥等）、真空冷冻干燥、真空油炸脱水、太阳能干燥、微波干燥等方式对产品进行脱水加工。

果蔬干制产品

一、蒜片的干制技术

（一）生产工艺流程

原料选择、挑选→切除蒜蒂→除蒜皮→切片→洗涤→脱水→干制→平衡水分→挑选、分级、包装、成品→污水处理。

干制蒜片

设备流程：分瓣→去皮→清洗→切片→脱水→烘干。

（二）生产要点

①原料选择、挑选：选择充分成熟，蒜瓣饱满、完整，蒜肉细白，无发霉、虫蛀、发芽等的新鲜蒜头。挑选去除发霉、虫蛀、损伤等不适合加工的蒜头。

②切除蒜蒂：使用专用蒜头切蒂机（设备）进行切除。

③除蒜皮：将切蒂后的蒜头分成蒜瓣，可用水浸泡 1~2 时，除去蒜瓣上的蒜衣。

④切片：用切片机将蒜瓣切成 0.2~0.3 厘米厚的蒜片。

⑤洗涤：蒜片进入洗涤机，用清水或亚硫酸氢钠溶液洗去杂质及胶质。

⑥脱水：将洗涤后的蒜片装入纱网袋，放入离心机转鼓内，用甩干机脱除水分。

⑦干制：将甩水后的蒜片倒在烘干盘或烘干筛网上，摊平后的蒜片量控制在每平方米 1.5~2.5 千克；烘干温度 55~60 摄氏度，维持 6~7 时，使蒜片含水量控制在 4%~6%。

⑧平衡水分：烘干后的蒜片不同部位水分含量有差异，烘干后的蒜片冷却后装入塑料袋中密封好袋口，放置 48 时进行水分平衡。

⑨挑选、分级、包装、成品：根据蒜片大小、颜色等进行分级，依据成品要求包装。

⑩污水处理：蒜片洗涤水不可直接排放，必须经过处理达标后才可进行排放。

二、洋葱的加工技术

（一）生产工艺流程

原料选择→处理→切片→漂洗→硫处理→甩水→摊盘→烘干→挑选→压块、包装。

（二）生产要点

①原料选择：选用中等或大型鲜茎，要求葱头老熟，结构紧密，茎部细小；肉质呈白色或淡黄色，辛辣味浓，无机械伤、青皮和心腐病，干物质含量不低于 14%。

②处理：用不锈钢刀切去茎和根，再用清水洗涤干净，剥去不可食用的鳞茎外层。

③切片：将洋葱切成四块，即上一刀，下一刀，做十字形切，但不要切断。再用切片机或不锈钢刀切成 3~5 毫米的片。注意切片时可边加料边加入少许清水。

④漂洗：将切好的洋葱片放入流动的清水中进行漂洗，洗去表面的黏液和糖等。

⑤硫处理：将漂洗后的洋葱片用0.1%的亚硫酸氢钠和0.05%的柠檬酸溶液浸渍15～20分，捞出再用清水洗涤一次。

⑥甩干：用离心机把洋葱片表面的水甩干。

⑦摊盘：将洋葱片均匀地摊入烘盘中，每盘装量一般不超过4千克/米^2。

⑧烘干：把装有洋葱片的烘盘放入烘房中，烘房温度控制在55～60摄氏度。完全烘干一般需6～8时，出烘房时洋葱片含水量应控制在4.0%～4.5%。

⑨挑选：剔除杂色、变色和过湿的洋葱片，挑选时必须保持清洁卫生，防蝇防虫。

⑩压块、包装：为利于包装和运输，在包装前进行压块。注意压块时洋葱片温度要高，减少碎片，压块前需喷入热蒸汽，迅速压块。压块时压力一般控制在70千克/米^2，维持1～3分。把压块后的洋葱片放入有内衬塑料薄膜袋（厚度为0.08毫米）的纸板箱内，扎紧袋口，存放在干燥处。成品含水量控制在6%以下。

三、杏干的加工技术

(一) 生产工艺流程

原料选择→挑选→清洗→去核→硫处理、洗涤→烘干→平衡水分（回软）→挑选、分级→包装、成品。

(二) 生产要点

①原料选择：选择果肉金黄、肉质厚、干物质含量高、离核的新鲜原料。

②挑选：去除腐烂、虫害、有机械伤、过生和过熟的杏。

杏 干

③清洗：用流动水洗去表面污物。

④去核：将杏用不锈钢刀沿缝合线切成两半，去除果核。

⑤硫处理、洗涤：将去核后的杏肉浸入1.5%～3.0%的氯化钠、0.3%～0.4%的亚硫酸氢钠、0.1%的异抗坏血酸钠溶液中，浸渍2～4时，捞出后用清水洗涤。

⑥烘干：将清洗后的杏肉控干水分，均匀摆放在烘干盘或烘干筛网上，烘干初温50～55摄氏度，干制3～4时；升温至65～70摄氏度烘干8～10时；再降温至50～55摄氏度，烘干3～5时。

⑦平衡水分（回软）：将烘干降温后的杏干装入塑料袋中平衡水分，时间24～48时。

⑧挑选、分级：去除色泽差、破碎的杏干，根据色泽、大小、重量等进行分级。

⑨包装、成品：根据成品要求选择不同材质的包装材料，按成品重量等要求进行密封包装，金属探测检验合格后装箱即为成品。

四、柿饼的干制技术

（一）生产工艺流程

原料选择→清洗→分级→削皮→烘烤→晾干→堆捂→挑选、包装、成品。

（二）生产要点

柿 饼

①原料选择：如条件允许，应选择田间柿树生长旺盛、无病虫害的柿子园采收的柿子作为加工原料；选择固形物含量高、可溶性单宁含量少、无核或少核的品种；用于加工柿饼的柿子成熟度九成为最佳，不可低于八成；成熟度低的柿子水分含量高，糖分含量低，加工出的产品质量差；柿子若完全成熟变软，不易进行加工。霜降前采收的柿子，环境温度高，采后应及时加工，否则应放入 0 摄氏度冷库保藏，一般霜降后采收的柿子产品质量更好。在柿子采收过程中，应防止摔伤、碰伤，修剪留置 1 厘米左右果柄，同时修去柿蒂周围翘起的萼片。

②清洗：用流动清水把柿果清洗干净。

③分级：用柿子分级设备按大小和成熟度进行分级。

④削皮：用柿子专用削皮机削净果皮，仅留柿蒂周围 0.5 厘米宽的果皮。

⑤烘烤：采用烘干房或烘干机进行干燥除水，干制前期柿果温度控制在 40 ~ 45 摄氏度，相对湿度 60% 左右，维持 24 时左右。当柿子表皮发白后停止加热，移出烘干设备，进行第一次揉捏，揉捏力度不可以过大，避免捏破表皮；旋转揉捏，促进柿肉软化，利于柿肉内部水分向外部蒸发。

⑥晾干：将产品放入晾棚或晾制车间进行自然干制，晾至表面起皱时进行第二次揉捏，将果块内的硬块捏软，使果肉组织软硬一致。

⑦堆捂：当柿蒂周围剩下的柿皮干燥，果肉内部软硬一致，稍有弹性时，便可收集堆捂。把柿子和晒干的柿皮放入密闭容器或用塑料薄膜包严，经过 4 ~ 5 天柿饼慢慢回软，内部水分渗出表面，柿霜逐渐形成。

⑧挑选、包装、成品：依据柿饼颜色、大小（重量）等进行挑选分级；根据成品要求，按单果或按重量进行包装，经金属探测检验合格后装箱即为成品。

五、冻干无花果干制技术

（一）生产工艺流程

原料选择、挑选→清洗、消毒→切分→摆盘、预冻→冻干→挑选、包装、成品。

（二）生产要点

①原料选择、挑选：选择个大、肉厚、成熟度八至九成的无花果，去除病虫害、

有机械伤、腐烂等不能用于加工的果子。

②清洗、消毒：将无花果用流动水清洗干净，再用100毫克/升次氯酸钠溶液浸泡2分，杀灭表面的霉菌，最后用经紫外线杀菌后的水冲洗，沥干水分。

③切分：根据成品要求，采用手工或切片机把无花果切成厚1.0~1.5厘米的果片。

④摆盘、预冻：把切片后的无花果片

无花果干

均匀地摊平在干制盘上，有速冻条件的可在 −35 ~ −40 摄氏度条件下对产品进行快速冷冻，使产品中心温度不高于 −18 摄氏度。

⑤冻干：把产品装入冷冻干燥设备中，根据工艺要求设定好冷冻温度、时间。把产品中心温度降至 −35 摄氏度，冷冻升华真空度控制在 10 ~ 80 帕；加热板温度前30 分钟升至 55 摄氏度，干燥室真空度维持在 40 帕，55 摄氏度保持 5 时进行升华干燥；然后降温至 50 摄氏度，干燥室真空度维持在 35 帕，进行解析干燥至干制结束。当果干中心温度与加热板温度一致时，果块含水量降至 4% 以下，冻干步骤完成，解除设备真空，打开设备取出果干，干制完成。

⑥挑选、包装、成品：去除碎片、色泽异常果片，根据成品要求，称重后进行包装，经金属探测检验合格后装箱即为成品。

六、冻干菠菜干制技术

(一) 生产工艺流程

原料选择→挑选→清洗、切段→热烫、冷却→沥水、装盘→速冻→冷冻干燥→挑选、包装、成品。

(二) 生产要点

①原料选择：用于加工的原料应来自合格产地，农残合格，要求色泽深绿、无污染、无病斑、无夹杂物，株高 20 厘米左右。收获的原料应尽快加工，不能及时加工的应放入冷库冷藏，避免在光照和高温条件下放置。

②挑选：去除老叶、黄叶、病虫害叶片、机械伤叶片，去除抽薹、异种等不合格菠菜。

③清洗、切段：将菠菜先用流动水清洗，再用气泡清洗，去除泥土、杂质等。清洗后的菠菜用切菜机切成 1 厘米长的段。

④热烫、冷却：将水温控制在 80 ~ 85 摄氏度，热烫 60 ~ 90 秒，热烫完成后迅速转移至冷水中，冷却至室温。

⑤沥水、装盘：将冷却后的菠菜段装入纱网袋，放入离心机转鼓内，用甩干机脱

除水分；把菠菜段倒在烘干盘上，厚度 20～25 厘米。

⑥速冻：在 -35～-40 摄氏度条件下对产品进行快速冷冻，使产品中心温度不高于 -18 摄氏度。

⑦冷冻干燥：把产品装入冷冻干燥设备中，将冷冻温度控制在 -40 摄氏度以下。把产品中心温度降至 -35 摄氏度，冷冻升华真空度控制在 70 帕。加热板温度 -15 摄氏度，干燥 5 时，使菠菜含水量降至 8%～12%；调整加热板温度为 50 摄氏度，干燥室真空度维持在 60～80 帕，解析干燥约 2 时，产品含水量降至 4% 以下，冷冻干燥结束。

⑧挑选、包装、成品：干燥结束后，将成品取出，根据产品的成品等级、保存期限进行分拣。依据产品的生产要求进行检查、包装处理，制成干制菠菜成品，生产流程结束。

七、猴头菇干制技术

猴头菇属于珍稀菌类，是八珍之一，呈圆球形。当猴头菇子实体长满菌刺尚未大量散发孢子时，应及时采摘并干制。采摘过晚孢子散发，菌体发黄，味苦。

（一）猴头菇自然干制

采收后的猴头菇按大小、颜色进行分级，菌柄向下排放在不锈钢筛网或纱网上，在日晒或通风处进行自然干制。当含水量降至 12% 以下时，进行密封保藏。

（二）猴头菇烘干

将采收后经挑选、分级的猴头菇摆入烘盘，送入烘干设备烘干。干制前干制设备须提前预热，使设备内温度达到 40 摄氏度，猴头菇送入烘干设备后，初始烘干温度应设置为 30～35 摄氏度，控制好热空气进入量和排气量。在烘干过程中，需注意烘干设备内的温度应缓慢上升，一般每小时升温不超过 3 摄氏度。猴头菇干制 7～8 时，烘至五至六成干时，可以停止排湿，进行 2 时均衡水分。均衡水分结束后，烘干温度控制在 55 摄氏度，最高不超过 60 摄氏度，再烘干 3～4 时。烘干一般需要 12～20 时，控制猴头菇含水量不超过 12%。将经挑选、水分平衡后的猴头菇干品用聚乙烯塑料食品袋包装，根据成品要求进行称重、密封（真空）和包装。

思 考 题

1. 简述干制的概念和干制方法。

2. 简述人工干制的方法。

3. 简述大蒜片的干制工艺流程。

4. 简述洋葱的干制工艺流程。

5. 简述冻干无花果的干制方法。

6. 简述柿饼的制作方法。

项目二　**果品、蔬菜、食用菌糖制产业化生产**

学习目标

1. 掌握糖制品的概念和分类；
2. 掌握果品、食用菌脯加工方法；
3. 掌握蔬菜脯加工方法；
4. 掌握果酱加工方法。

果蔬糖制品是以果蔬为原料，用高浓度糖保藏起来的果蔬制品。果蔬糖制品含糖量一般为60%以上，但有些低糖果脯和凉果等含糖量低于35%。

果蔬糖制品按加工工艺和成品状态，一般分为果脯蜜饯类和果酱类两大类。

果脯蜜饯类分为果脯、糖衣果脯、蜜饯和凉果等；果酱类分为果酱、果泥、果冻和果丹皮等。

糖　球

一、苹果脯加工技术

（一）生产工艺流程

原料选择、挑选→去皮、切分、去心→真空硫处理→真空渗糖→冲淋→干制→挑选、整形、包装、成品。

（二）生产要点

①原料选择、挑选：原料必须来自合格基地，农残、重金属、微生物等检验合格。选择果形大而且圆整、果心小、风味好、香味浓、酸含量适当、耐煮制的品种。选择成熟度九成左右的新鲜苹果，去除腐烂、机械伤、病虫害、畸形等苹果。

②去皮、切分、去心：用旋皮机削去外皮，切分后挖去果心，修去损伤变色果肉；

将小果切成两半，大果可根据成品及工艺要求进行四分或六分等。

③真空硫处理：将切分后的果块放入真空渗糖机，用 0.2% ~ 0.3% 的亚硫酸溶液浸泡 1 时左右，罐内真空度维持在 0.08 ~ 0.09 兆帕。硫处理结束用清水洗涤果块。

④真空渗糖：用 20% 的糖溶液浸渍果块，果块与糖液重量比为 1∶0.8 ~ 1，罐内温度维持在 40 摄氏度，真空度维持在 0.08 ~ 0.09 兆帕，保持 1 时，停止加热后再浸渍 12 时。调整糖液浓度至 40%，糖液温度维持在 40 ~ 45 摄氏度，真空度维持在 0.08 ~ 0.09 兆帕，保持 1 时，停止加热后再浸渍 12 时。调整糖液浓度至 60%，糖液温度维持在 45 摄氏度，真空度维持在 0.08 ~ 0.09 兆帕，保持 1 时，停止加热后再浸渍 8 ~ 10 时，当糖液渗透均匀、果块透明时渗糖结束。

⑤冲淋：渗糖完成的果块用热水淋洗，洗去表面的糖液。

⑥干制：将果块放在烘干盘或干燥网上，在 60 ~ 65 摄氏度烘房或干燥设备内进行干燥，干燥至表面不粘手、含水 20% 以下，干制时间因果块大小不同而不同。

⑦挑选、整形、包装、成品：干燥后的果脯应除去碎块、颜色异常（黑点、斑疤）等果块，对果块整形后，根据成品要求进行包装（塑料袋、复合袋等），装箱后即为成品。

二、金针菇脯加工技术

（一）生产工艺流程

原料选择→处理→热烫→挑选→护色→渗糖→烘烤、包装、成品。

（二）生产要点

①原料选择：原料必须来自合格基地，农残、重金属、微生物等检验合格。选择金针菇盖径小于 2.5 厘米，菌盖未开伞，柄长 15 厘米左右，色泽浅黄，菇形完整，无病虫害及斑点的新鲜金针菇。

②处理：将采收后的金针菇修剪去菇根，抖净培养料及其他杂质。

③热烫：将处理好的金针菇放入煮沸的 0.7% ~ 1.0% 的柠檬酸溶液中，煮制 6 ~ 7 分，迅速用流动冷水冷却至室温。

④挑选：为使成品金针菇脯大小一致，外形整齐美观，热烫冷却后应将菌盖过大或过小、菌盖破损严重的挑选去除。

⑤护色：将挑选后的金针菇放入加入适量氯化钙和 0.3% 的亚硫酸溶液中浸泡 7 ~ 9 时，完成后用流动清水漂洗干净。

⑥渗糖：将处理后的金针菇放入 40% 的白砂糖溶液中，糖液至少高于金针菇量，浸渍 24 时渗糖；再放入 50% 的白砂糖溶液中，糖液和金针菇一起煮沸，停止加热，浸渍 24 时渗糖；再次把糖液和金针菇一起煮沸，分次加入白砂糖调整糖液浓度至 60%，继续煮制至菇体透明，渗糖完成。也可采用真空渗糖法完成。

⑦烘烤、包装、成品：渗糖完成的金针菇脯，捞出控干糖液，摆入烘盘进行烘烤，烘烤温度 65～70 摄氏度，烘烤 14～16 时。当菇体呈透明状且表面不粘手时，烘烤结束，冷却后经挑选、密封包装即为成品。

三、冬瓜蜜饯加工技术

（一）生产工艺流程

原料选择→去皮、切端、切分、去心→硬化→漂洗→热烫、冷却→加糖液蜜制浓缩→收汗上糖衣→成品。

（二）生产要点

①原料选择：原料必须来自合格基地，农残、重金属、微生物等检验合格。选择充分老熟、肉厚、形态完整的冬瓜。

②去皮、切端、切分、去心：将冬瓜削去外皮，切去两端，切成 8～10 厘米圆筒段，挖去瓜瓤，再切成 1.5～2.0 厘米×1.5～2.5 厘米的瓜条。

③硬化：按照瓜条与 2% 的石灰水 1:1 比例，浸泡硬化 12 时，再补加 1% 生石灰继续硬化 12 时。

④漂洗：用清水漂洗 8～10 时，换水 3～4 次，除净黏附的石灰溶液。

⑤热烫、冷却：将瓜条在沸水中热烫 5～6 分，瓜条开始下沉，瓜块呈半透明状为止，把瓜块放入冷水中，漂洗方法同上次操作。

⑥加糖液蜜制浓缩：

第一次糖液蜜制：用 40 波美度糖液蜜制 24 时（糖浆能淹没瓜条或等于、多于瓜条用量），取出瓜条沥干糖液。

第二次糖液蜜制：在使用过的糖浆中加糖，使糖浓度提高到 55～60 波美度，将瓜条再蜜制 24 时。

第三次浓缩蜜制：将第二次蜜制的瓜条及糖浆加热，使糖液浓缩到 66～68 波美度（煮沸温度为 105～106 摄氏度），起锅静置再蜜制 5～7 天，使糖液充分渗入瓜条，瓜条吸饱糖液。

第四次浓缩蜜制：将瓜条与糖浆慢速浓缩至 75～76 波美度（温度 108～109 摄氏度）；可结合真空渗糖设备，提高渗糖速度，缩短产品制作时间。

⑦收汗上糖衣、成品：起锅后稍冷便收汗（不粘手），若瓜条表面不收汗，可进行日晒或在 60 摄氏度温度下烘干。收汗结束后再用糖粉（白砂糖在 60～70 摄氏度条件下烘干后，破碎成糖粉，用量约为瓜条量的 10%）上糖衣，拌匀后筛去多余糖粉，装入塑料袋等包装容器，密封即为成品。

四、草莓酱加工技术

（一）生产工艺流程

原料选择→去萼片、清洗→切片→调配产品→煮制、浓缩→装罐、密封→杀菌、冷却→保温检验、贴标签、装箱、成品。

（二）生产要点

①原料选择：原料必须来自合格基地，农残、重金属、微生物等检验合格。选择含糖量高、果胶和酸含量高的品种，成熟度八至九成熟，果面呈红色或淡红色，无异味、无腐烂及无虫蛀的新鲜草莓或冷冻草莓。

草莓酱　　　　　　　　　草　莓

②去萼片、清洗：用专用工具去除萼片和果柄，削去黑头、青头部位；以速冻草莓为原料，加工前应提前24时放入解冻间解冻；用流动水洗去表面污物。

③切片：将草莓用切片机切成厚度为 3～4 毫米的片；切片机使用前和工作 3 时后应进行清洗消毒，切片机刀片应定期进行保养、更换。

④调配产品：制作中添加的原料有白砂糖、柠檬酸、果胶、防腐剂等。配料添加量应根据成品含量、原料经煮制浓缩后含量确定；如以下配比：草莓 100 千克，白砂糖 10～12 千克，柠檬酸 25～40 克，苯甲酸钠 8～10 克，果胶适量等。

⑤煮制、浓缩：将切片后的草莓片放入煮制设备，加入草莓重量 30%～50%、浓度 20%～30% 的糖液，常压快速煮开，维持 20～30 分；再把剩余的白砂糖配成 70%～75% 的糖液，加入煮制罐中进行真空浓缩；当固形物含量达到要求时，再加入柠檬酸（配成 45%～50% 溶液）、果胶（先用 5～10 倍细砂糖拌匀，再用 10～15 倍水加热溶解）、苯甲酸钠（或山梨酸钾）等；取样，各成分指标达到检测要求后，浓缩完成。

⑥装罐、密封：草莓酱包装容器一般为玻璃瓶。空瓶要求瓶身无裂纹，瓶口平整光滑，玻璃无气泡，瓶盖防腐涂层及密封圈均匀完整；瓶罐及瓶盖经清洗消毒后，经

过传送带进入灌装生产线，灌注酱料，自动封口，完成装罐。

⑦杀菌、冷却：采用热水或蒸汽杀菌，杀菌温度 100 摄氏度，杀菌时间依据酱料重量决定，一般为 10~20 分；杀菌完成后分段冷却（温差不超过 20 摄氏度），冷却至 40 摄氏度以下；擦干罐体水分，移入保温车间进行保温检验。

⑧保温检验、贴标签、装箱、成品：25 摄氏度下保温 10 天，采用敲击方法进行真空度检验，去除不合格产品；抽取样品，对产品净重、固形物含量、凝胶状态、酱体颜色、光泽度、风味、酸度等理化及微生物指标进行严格检测；对合格产品进行打码和贴标签，装箱后即为成品。

思 考 题

1. 简述糖制品的概念和分类。
2. 简述苹果脯的加工方法。
3. 简述金针菇脯的加工方法。
4. 简述冬瓜蜜饯的加工方法。
5. 简述草莓酱的加工方法。

项目三 **果品、蔬菜、食用菌罐头产业化生产**

学习目标

1. 掌握罐头的概念和分类；
2. 掌握果品类罐头加工方法；
3. 掌握蔬菜类罐头加工方法；
4. 掌握食用菌罐头加工方法。

果蔬罐头食品是果蔬原料经过处理，装入容器再进行排气、密封、杀菌（杀菌能杀灭罐内的大部分微生物，杀灭引起产品败坏、产毒的致病菌），使原料中的酶失活，维持罐内密封和真空状态（密封使罐内产品不再受外界微生物污染，罐内维持一定真空度，可抑制罐内残存需氧微生物生长），产品在常温下能够长期保藏的一种食品。果蔬罐头品种多，产量大，安全卫生，保藏性能好，食用方便。按制作容器分为金属罐、玻璃罐和软包装罐头。

一、黄桃罐头加工技术

（一）生产工艺流程

原料选择→切分、去核→碱液去皮→烫漂→修整、分级→称重、装罐→排气、密封→杀菌、冷却→保温检验、贴标、装箱、成品。

（二）生产要点

①原料选择：选择八九成熟，新鲜饱满，圆整对称，风味正常，无病虫害、机械伤，直径在5厘米以上的优质黄桃。要求果实肉质稍脆、组织致密，糖酸含量高，风味浓，单宁、花青素等含量低，经过农残、重金属检测等合格的产品。

②切分、去核：用专用切半机沿缝合线对切，再用挖核刀挖去果核，核窝处不得留有红色果肉。

③碱液去皮：用90~95摄氏度，浓度为12%~15%的氢氧化钠溶液处理（喷淋或浸渍）30~60秒，再送入摩擦去皮机除去果皮；桃果再浸入0.3%的盐酸溶液中，浸

渍 2 ~ 3 分；取出用流动清水冲洗。

④烫漂：用 95 ~ 100 摄氏度、0.1% 的柠檬酸溶液烫漂 6 ~ 8 分；或用 100 摄氏度蒸汽处理 9 ~ 12 分，完成后迅速进入冷水中冷却。

⑤修整、分级：用刀削去毛边、表面斑点和残留皮屑，除去虫害、伤烂果块；根据果块色泽、大小等进行分级。

⑥称重、装罐：根据成品要求称取果块，按装罐要求摆放在罐内，再按成品要求注入灌注液（糖液）；糖液浓度应根据果块含糖量及成品要求进行配制；糖液浓度一般为 26% ~ 34%；若果块酸度低时，配制糖液时可添加柠檬酸，柠檬酸浓度为 0.1% ~ 0.3%；糖液温度不低于 95 摄氏度。

⑦排气、密封：加注糖液后，产品进入真空封罐机，完成真空密封。

⑧杀菌、冷却：罐头密封完成后迅速进行杀菌，杀菌温度 100 摄氏度，杀菌时间根据罐头包装容器、罐头净重等决定，一般为 15 ~ 30 分；杀菌完成后迅速进行分段冷却（分段冷却水温差不超过 20 摄氏度），冷却至 40 摄氏度以下，擦干罐身水分，送入保温检验库房。

⑨保温检验、贴标、装箱、成品：在 25 摄氏度下保温 10 天，采用敲击方法进行真空度检验，去除不合格产品；抽取样品对产品进行感官、物理、化学、微生物等检验，合格产品打码、贴标签，装箱后即为成品。

二、山楂罐头加工技术

（一）生产工艺流程

原料选择→去蒂柄和果核→预煮和软化→装罐→排气、密封→杀菌、冷却→擦罐、保温→检查、贴标、装箱、成品。

（二）生产要点

①原料选择：挑选八九成熟、新鲜的、红色或紫红色、直径在 2 厘米以上、色泽鲜艳、无病虫害、无伤残、不腐烂、不干巴的果实。

②去蒂柄和果核：先除去果柄，再用除核器从果蒂处下刀切至果顶边缘，再从果顶处向果蒂方向把果核顶出，防止果实破裂和果核残留，果核遗留量不得超过 5%。

③预煮和软化：预煮前先把果实清洗干净，放入 80 摄氏度左右的热水中保持 1 ~ 3 分，然后放在冷水中冷却 2 ~ 3 分。预煮是为了软化果实质地，缩小体积，易于装罐，以及防止果肉变色，排除果肉内的一部分气体，使糖水易于渗透到果肉内部。

④装罐：装罐前先配好 30% 浓度的糖水，放在夹层锅内加热煮沸后，过滤备用。玻璃瓶或马口铁罐要预先洗刷干净，在 100 摄氏度条件下杀菌 10 分。山楂果实预煮后要尽快装罐，同一罐的果实大小、颜色应该一致。500 克玻璃罐装果肉 260 克、糖水 240 克，装罐时糖液温度保持在 80 摄氏度以上。装罐时要留有顶隙 3 ~ 5 毫米，因排气

时会产生一定的真空度，这样可避免杀菌过程中发生跳盖、破裂等现象。

⑤排气、密封：加热排气的温度为 90 ~ 95 摄氏度，排气时间为 5 ~ 7 分，罐中心温度达到 75 摄氏度时，即可在封盖机上密封。用真空封罐机排气，速度快、功效高，更有利于保持果实品质。用真空封罐机封口，真空度在 53.3 千帕以上。

⑥杀菌、冷却：封罐后及时杀菌。一般用 60 摄氏度、80 摄氏度、100 摄氏度逐步升温，最后在 100 摄氏度的沸水中杀菌 20 分，然后在清水池中分 80 摄氏度、60 摄氏度、40 摄氏度三段冷却。各段冷却 8 ~ 10 分，至罐内温度冷却到 40 摄氏度左右为止。操作时要注意冷热温差不可太大，以免引起炸裂事故。

⑦擦罐、保温：罐头冷却后，立即擦去表面水分和污物，进行保温贮存。在 20 摄氏度温度下，保存 7 天，在 25 摄氏度室温下可缩短至 5 天。

⑧检查、贴标、装箱、成品：罐头保温后，要严格检查，剔除不合格产品。对于合格产品，用干布将罐体擦净，贴好商标，然后装箱、贮存。贮存的适宜温度为 4 ~ 10 摄氏度，相对湿度为 70%。贮存环境应有良好的通风条件。

三、芦笋罐头加工技术

（一）生产工艺流程

原料选择→切端、挑选、分级、清洗、去皮→烫漂、冷却→称重、装罐→密封→杀菌、反压冷却→保温检验、贴标、装箱、成品。

芦笋原料冷藏

原料处理

（二）生产要点

①原料选择：一般选择白色芦笋，采收后应在 6 时内进行加工，否则需进行低温保鲜（芦笋罐头加工企业有冷藏库），防止幼茎继续生长变长和纤维化，造成品质下降。选择笋条长 13 ~ 17 厘米，平均横径 1.0 ~ 3.5 厘米，新鲜良好，无空心、开裂、畸形，无病虫害、锈斑和机械伤等的原料。选择经过农残、重金属检测等合格的产品。

②切端、挑选、分级、清洗、去皮：将用于加工的原料放入切端容器码放整齐，

用不锈钢刀切除过长的笋条尾部，再挑选去除不适合加工用的笋条；用流动水洗去表面泥沙，用专用去皮刀人工去除表皮及粗纤维，鳞片允许保留到笋尖 4 厘米左右，一般 8 刀使笋条成圆柱形。条装笋罐头条长 12 ~ 16 厘米，段装罐头一般为 3.5 ~ 6.0 厘米。

芦笋切端

芦笋清洗

③烫漂、冷却：按粗细、老嫩条段分别进行烫漂处理，粗条水温 95 摄氏度，烫漂 3 ~ 4 分；细条水温 95 摄氏度，烫漂 2 ~ 3 分；嫩尖水温 95 摄氏度，烫漂 1 ~ 2 分；热烫至笋肉乳白微透明为宜。也可使用 0.05% ~ 0.08%（pH 值 5.2 ~ 5.6）的柠檬酸溶液进行烫漂，烫漂温度 85 摄氏度、时间 3 ~ 4 分。烫漂完成后迅速放入冷水中冷却，在生产过程中，要防止笋尖损伤。

④称重、装罐：按罐头成品要求称取冷却后的笋条，按装罐操作要求放入已清洗杀菌的罐头容器，注入温度 85 摄氏度以上的灌注液，灌注液重量按成品要求注入。灌注液配制为，食盐 2%、白砂糖 2%（前期采收芦笋 1% 以下，后期不超过 2%）、柠檬酸 0.03% ~ 0.05%，也可添加 0.04% 的异抗坏血酸钠，灌注液（汤汁）煮沸后过滤使用。

⑤密封：注入灌注液后，产品进入真空封罐机，完成抽真空密封。

⑥杀菌、反压冷却：杀菌温度 121 摄氏度，维持 20 ~ 30 分（杀菌时间根据罐头包装容器、罐头净重等决定）。杀菌结束后进行反压冷却，冷却至 40 摄氏度以下时，打开杀菌锅取出产品。擦去罐身水分，送入保温检验库房。

擦　罐

罐头码放

罐头入库

⑦保温检验、贴标、装箱、成品：在37摄氏度条件下保温7~10天，采用敲击方法进行真空度检验，去除不合格产品；抽取样品对产品进行感官、物理、化学、微生物等检验，合格产品打码、贴标签，装箱后即为成品。

四、双孢菇罐头加工技术

（一）生产工艺流程

原料选择、处理→清洗→护色→热烫、冷却、分级→装罐、密封→杀菌、冷却→擦去水分、保温检验、成品。

（二）生产要点

①原料选择、处理：选择菌菇完整、质地致密、色泽洁白的新鲜双孢菇，菌柄切面的纽扣菇和菌盖直径2~4厘米的整菇，去除机械伤、病虫害的菌菇。双孢菇原料应削平菌柄，柄长不超过0.8厘米。

②清洗：用流动水洗去菌体上的泥沙和杂质等。

③护色：清洗后的双孢菇迅速进行护色处理，用400~800毫克/升亚硫酸氢钠溶液浸泡护色1~2分，处理后进行热烫。

④热烫、冷却、分级：用蒸汽预煮机采用96~98摄氏度的热蒸汽蒸制5~15分，蒸制双孢菇流出的汁液，可用作罐头的灌注液。热烫可以破坏多酚氧化酶的活性，防止酶促褐变的发生，排除双孢菇菌体内的气体，使体积缩小，密度增加。也可采用连续预煮机或不锈钢夹层锅，用85~90摄氏度的2%的食盐水或0.1%的柠檬酸溶液，煮制6~8分，煮制液与双孢菇比例为3:2。热烫完成的双孢菇立即转移到冷水槽中冷却。冷却后的双孢菇可采用滚筒式或机器振动筛分级机进行分级、选拣，分成纽扣菇、整菇、片菇、碎菇等。

⑤装罐、密封：将分级、称重的双孢菇装入经清洗消毒的空罐或蒸煮袋，再注入

灌注液，灌注液含2%～3%的氯化钠和0.1%～0.2%的柠檬酸溶液。灌注液需要煮沸过滤后使用，加注罐内时温度控制在85摄氏度以上。为保持双孢菇罐头色泽明亮，可在每500克罐头中添加0.5～0.6克异抗坏血酸钠，灌注液pH值控制在3.0～4.0之间。罐装采用真空自动封罐机完成，采用蒸煮袋包装，用蒸煮袋封口机密封。

⑥杀菌、冷却：操作方法同芦笋罐头加工技术。

⑦擦去水分、保温检验、成品：操作方法同芦笋罐头加工技术。

思考题

1. 简述罐头的概念和分类。

2. 简述黄桃罐头的加工方法。

3. 简述山楂罐头的加工方法。

4. 简述芦笋罐头的加工方法。

5. 简述双孢菇罐头的加工方法。

项目四 果品、蔬菜、食用菌速冻制品产业化生产

学习目标

1. 掌握速冻的概念和方法；

2. 掌握果品速冻加工方法；

3. 掌握蔬菜产品速冻加工方法；

4. 掌握食用菌速冻加工方法。

果蔬速冻是利用人工制冷技术，将经过处理的果蔬原料在 -30 摄氏度以下低温中进行快速冻结，使果蔬体快速通过冰晶生成带（ -5 ～ -1 摄氏度），果蔬中心温度达到 -18 摄氏度或以下，果蔬中 80% 以上的水分变成微冰晶的过程。速冻后的产品在 -18 摄氏度或以下温度进行长期保藏。此条件可以有效抑制微生物活动和酶的活性，防止微生物引起腐败及生物化学作用，能长期保持产品品质。

冻结方法分为鼓风冷冻法、流化冷冻法、间接接触冷冻法、浸渍冷冻法和低温冷冻法等。鼓风冻结法是利用 -30 摄氏度以下的低温空气，在鼓风机推动下形成一定速度的气流对产品冻结。现在果蔬速冻企业广泛应用的是带式流化速冻装置。

一、速冻草莓加工技术

（一）生产工艺流程

原料选择→去果蒂→浸泡→去毛发、清洗→挑选→消毒、冲洗→沥水→速冻→分级、挑选→金属检验→包装→装箱→保藏。

（二）生产要点

①原料选择：原料必须来自合格基地，农残、重金属、微生物等检验合格，无病虫害、无过熟、无腐烂、无未成熟果。

②去果蒂：用专用工具挖去果蒂，去除青白头部和杂

速冻草莓

质等。

③浸泡：用清水浸泡 5～10 分，洗去草莓表面泥沙污物。

④去毛发、清洗：用去毛机去除黏附在草莓上的杂质（如细毛绒、毛发等）和草莓籽；用高压喷淋加流动水气泡清洗机，清洗去除残渣和异物；去毛机毛滚要定时彻底清洗。

⑤挑选：将清洗后的草莓放在操作台上，去除腐烂果、病虫害果、畸形果、烂果和多籽果等。

⑥消毒、冲洗：根据草莓清洁度调节消毒液浓度，保护地种植草莓消毒液（次氯酸钠）浓度为 30～50 毫克/升，浸泡 3～5 分；大田草莓消毒液（次氯酸钠）浓度为 60～90 毫克/升，浸泡 4～5 分。再用经紫外线消毒的水冲洗去余氯。

⑦沥水：清洗后的草莓经沥水传送带沥水，用沥水机（振动或风吹）进行 25～35 秒沥水。

⑧速冻：将沥干水的草莓摊放在速冻机网带上，速冻温度 -40～-30 摄氏度，冻结完成后的草莓中心温度在 -18 摄氏度或以下。

⑨分级、挑选：根据草莓直径用分级设备分级，如 20 厘米以下、20～22 厘米、23～25 厘米、26～28 厘米、28 厘米以上等规格；挑选去除异物、次品、不合格产品。

⑩金属检验：用金属探测器对草莓进行金属检验，小包装产品可以在密封后检验。

⑪包装：将速冻草莓称重后装入塑料袋内，密封袋口，包装袋大小根据成品要求确定。

⑫装箱：用塑料袋包装的草莓按成品要求进行装箱，注明生产日期、批次、规格等。

⑬保藏：将装箱后的产品放入冷冻库，库温不高于 -18 摄氏度，产品最好码放在木架上（便于叉车装卸）；码放产品距离库内墙体和库顶 50 厘米左右。产品运输、销售、保藏温度不可高于 -18 摄氏度。

二、速冻菠菜加工技术

（一）生产工艺流程

原料选择→挑选、分级→清洗→热烫、冷却→沥水→装盘、冻结→包冰衣→包装、冻藏。

（二）生产要点

①原料选择：原料必须来自合格基地，农残、重金属、微生物等检验合格，适合速冻加工的菠菜品种有欧莱、胜先锋、急先锋、巴卡和全能等。菠菜收获后应尽快加工，否则要进行冷藏保鲜。要求菠菜叶片鲜嫩、浓绿色、大、肥厚，株形完整，成熟度适当，不抽薹，长度 150～300 毫米，收获后不得用力捆扎，叠高重压。

②挑选、分级：去除黄、腐烂、机械伤、病虫害叶片或植株，切去根部，用切菜机根据成品要求切段。

③清洗：将菠菜放入流动水槽中，充分洗涤，去除泥沙和杂质。

④热烫、冷却：清洗后的菠菜进入热烫池，水温80摄氏度左右，热烫40~50秒，热烫水中可加入少许碳酸氢钠进行护绿。菠菜热烫完成后进入冷却水槽，用3~5摄氏度的冷水浸泡、喷淋，使菠菜迅速降温至10摄氏度以下。

⑤沥水：冷却后的菠菜用振动筛或离心脱水机去除水分。

⑥装盘、冻结：沥水后的菠菜段摊在振动筛网或摊放在盘内，进入速冻机，在-40~-35摄氏度、冷气流速4~6米/秒条件下冻结，要求20分以内原料中心温度降到-18摄氏度。

⑦包冰衣：速冻后的菠菜进入清洁的冷水中，迅速捞起，菠菜表面形成一层透明的薄冰。薄冰可以防止菠菜氧化变色和失水，有利于产品保藏。

⑧包装、冻藏：要求在5摄氏度的冷藏库中，按照成品要求的重量、容器进行包装。一般采用塑料袋和瓦楞纸箱进行密封包装。包装好的产品在-18摄氏度或以下的温度进行冻藏。

三、速冻蘑菇加工技术

（一）生产工艺流程

原料选择、挑选→护色、漂洗、分级→热烫、冷却、沥水→精选、修整→速冻→分级、复选→包冰衣→包装、冻藏。

（二）生产要点

①原料选择、挑选：原料要求来自合格基地，农残、重金属、微生物等检验合格，选择新鲜、色泽正常，菌盖完整，菌盖直径5~12厘米，半球形，边缘内卷，菌柄切削平整不带泥根，无空心、无变色的优等菌。挑选去除病虫害、机械伤、畸形、开伞菇。

②护色、漂洗、分级：新鲜蘑菇生理活性旺盛，呼吸作用、蒸腾作用和酶促褐变等原因，导致产品失重、萎蔫、变色，使品质下降。为更好地保持鲜菇质量，采收后应尽快进行护色处理（最好4时内完成）。护色方法是分级后的鲜菇浸入含0.6%~0.8%的食盐和0.05%~0.08%的亚硫酸氢钠溶液，浸泡2~3分，转移至清水中，运往加工厂；或者捞出沥干水分装入塑料薄膜袋，密封袋口，运往工厂。蘑菇到达加工企业后，移入流动冷水漂洗池进行脱硫，漂洗30分。漂洗后立即进行分级，根据食用菌菌盖直径进行人工或分级机分级。

③热烫、冷却、沥水：水中加入0.3%的柠檬酸和0.1%的异抗坏血酸钠溶液，将pH值控制在4以下。热烫温度96~98摄氏度，热烫时间根据菇盖大小控制在3.5~

5.5 分，以煮透为准。为防止因热烫导致的蘑菇色泽加深、组织老化、弹性降低、失水减重，应尽可能缩短煮制时间和热烫温度。热烫完成后，先用 10～20 摄氏度的水喷淋降温，再移入 5 摄氏度以下冷水中冷却，要求 20 分蘑菇中心温度降至 10 摄氏度以下。分段降温可避免蘑菇冷却过快表面产生皱缩现象。冷却后的蘑菇用振动筛或离心脱水机沥干水分。

④精选、修整：冷却后的蘑菇进行精选，去除脱柄菇、掉盖菇、变色菇、开伞菇、畸形菇、菌褶变黑菇等，并对菌柄过长、斑点菇、泥根等进行修整。

⑤速冻：精选处理后的蘑菇由输送带输送至振动筛床，由传送带送入速冻机。速冻温度 -40 ～ -35 摄氏度、冷气流速 4～6 米/秒，20 分以内原料中心温度降到 -18 摄氏度或以下。

⑥分级、复选：蘑菇从速冻机出来，进入低温车间进行分级、复选。蘑菇冻结后有些相互粘连，可用粗碎机进行机械性离散，也可用木槌敲散。蘑菇按菌盖直径分级，一般分为一级（36～45 毫米）、二级（26～35 毫米）、三级（15～25 毫米）等 3 个等级；可以再进行挑选，剔除锈斑、畸形、脱柄等不合格蘑菇。

⑦包冰衣：包冰衣是在蘑菇表面裹一层薄冰，使菇体与外界空气隔绝，防止菌体失水干缩、变色，有利于产品品质长期稳定。把处理好的蘑菇倒入不锈钢丝篮或有孔塑料筐（装入 2～5 千克），再浸入 2～5 摄氏度冷水中保持 2～3 秒，提出后左右振动，可重复操作一次。蘑菇包冰衣后一般增重 8%～10% 为宜。

⑧包装、冻藏：包装要求在 -5 摄氏度低温下进行，操作要迅速准确，避免冻品回温。产品加工前 1 时，打开紫外灯杀菌，包装工器具，操作人员工作服、鞋、帽、手套等均应经过消毒处理。蘑菇内包装一般用无菌聚乙烯塑料袋（厚度 0.06～0.08 毫米），外包装为双层瓦楞纸箱（纸箱表面涂防潮涂料），箱内垫防潮蜡纸；蘑菇按成品要求重量称重、装袋（真空包装）、密封、装箱、封箱。所有包装材料使用前须在 -10 摄氏度以下低温间预冷。包装后经检验合格的产品，应迅速转移到冷冻库进行冻藏，冷冻库温度不高于 -18 摄氏度，库温要求恒定，一般温度波动在 1 摄氏度以内，库内相对湿度为 95% 左右。产品应避免与有挥发性气味或腥味冷冻品一起冻藏，防止吸附异味影响产品品质。出库执行"先入库先出库"原则。

思考题

1. 简述速冻的概念和方法。
2. 简述草莓的速冻加工方法。
3. 简述菠菜的速冻加工方法。
4. 简述蘑菇的速冻加工方法。

蔬菜腌制品产业化生产

学习目标

1. 掌握蔬菜腌制的概念和分类；
2. 掌握咸菜、酱菜加工方法；
3. 掌握糖醋菜加工方法；
4. 掌握发酵菜加工方法。

蔬菜腌制是指蔬菜等原料经过处理后，利用食盐及其他物质渗入蔬菜组织内部，降低产品水分活度，提高结合水含量及渗透压，有选择地利用有益微生物活动和发酵作用，抑制腐败菌的生长，从而防止蔬菜等产品变质，保持其食用品质的一种保藏方法。

蔬菜腌制根据腌制所用原料、腌制过程和成品状态不同可分为非发酵类腌制和发酵类腌制两类制品。

非发酵类腌制品制作时，不经过发酵或微弱发酵，利用食盐、糖等物质的高渗透压及其他调味品来保藏和增进风味。非发酵类腌制品分为咸菜、酱菜、糖醋菜、酒糟菜等。

咸菜腌制方法有干态腌制、湿态腌制和混合腌制（如先干态再湿态）等。咸菜分为湿态腌制菜，如盐腌雪里蕻、盐渍黄瓜等；半干态腌制菜，如榨菜等；干态腌制菜，如霉干菜等。

酱菜是蔬菜原料处理后先进行盐腌，脱盐后进行酱制，加工成的产品。酱菜类产品，如北京八宝菜、酱黄瓜、甜包瓜等。

糖醋菜是蔬菜原料处理后先进行盐腌，脱盐后进行糖（醋）制加工的产品。糖醋菜产品，如糖蒜、糖醋蒜、糖醋酥姜等。

腊八蒜

糟渍菜是蔬菜咸胚用新鲜的酒糟或醅糟糟制而成的酱腌菜、糖醋菜，如糟腌萝卜等。

一、冬菜加工技术

（一）生产工艺流程

原料选择、处理→晒菜（干制）→腌制→成熟。

（二）生产要点

①原料选择、处理：一般大白菜都可制作冬菜，但以含水量少、色泽浅黄者为佳。将收获的大白菜去除外层老叶，再切除根部。先将大白菜纵切成长条，再横切成块，大小为 1.5～2.0 厘米见方。

②晒菜（干制）：将菜块铺到晾网上，放入烘房，采用 50～60 摄氏度进行烘干，或晾晒 3～5 天。菜块干制程度以手捏软硬适宜，既能成团，又松散为度。

③腌制：每 100 千克菜胚用盐 12 千克，放入拌料机充分揉搓拌匀，装入容器压紧压实，上部撒上一层食盐，密封容器，腌制 3～5 天。食盐选用炒过的粗盐较好，炒盐时盐的色泽初变青，再变红黄，最后变为略带粉红的白色，完成后磨细，用八目筛过筛，盐越细越好。盐腌完成后，取出菜体，每 100 千克菜体加入 10～30 千克蒜泥，揉搓拌匀，装入容器密封。

④成熟：装入容器的冬菜在 15～30 摄氏度温度下成熟。

二、酱黄瓜加工技术

（一）生产工艺流程

原料选择→腌制→脱盐酱制→调配、装罐、密封、成品。

（二）生产要点

①原料选择：原料必须来自合格基地，农残、重金属、微生物等检验合格。一般选用秋季黄瓜，要求瓜条整齐、无畸形、色泽鲜绿，每千克 12～16 条。

酱黄瓜

②腌制：每100千克黄瓜总用盐量36～38千克。把黄瓜放入腌制容器，一层黄瓜一层盐，共放3层，上部淋少许盐水。第一次用盐约15千克，盐渍4～6时，把黄瓜移入另一个容器，卤水一同倒入；第二天再倒入容器，一层黄瓜一层盐，总用盐量约11千克，卤水不再倒入；第三天再倒入容器，一层黄瓜一层盐，剩余食盐全部加入；隔4～5天再倒入容器即为成胚。

③脱盐酱制：将腌好的黄瓜用切菜机切成1.5～1.8厘米厚的圆块，放入气泡水槽中浸泡24时，第二天捞出，装入脱水袋甩干水分；装入酱制专用布袋，放入乏酱中酱制；每日串袋一次，酱制3～4天提袋沥干酱液；放入甜面酱中酱制，100千克鲜黄瓜用甜面酱40千克，前三天每日串袋一次；再每隔2～3天串袋一次；酱制12～15天即可提袋沥干酱液。酱制黄瓜最好使用真空酱制方法完成。

④调配、装罐、密封、成品：将酱制好的黄瓜倒入拌料机中，每100千克鲜黄瓜制成的酱黄瓜胚加入白砂糖7～9千克、味精40～50克、苯甲酸钠25克等，混合均匀后装坛或装瓶密封，糖制7天即为成品。

三、酱三仁加工技术

（一）生产工艺流程

原料选择→浸泡、热烫、去皮→盐渍→酱制、成品。

（二）生产要点

①原料选择：酱三仁是指花生仁、杏仁、核桃仁按一定比例酱制的产品。原料必须来自合格基地，农残、重金属、微生物等检验合格。花生仁选用新鲜饱满、无霉变、无虫害颗粒。杏仁选用饱满、无霉变、无虫害大颗粒，当年产为佳；甜杏仁可以直接使用，苦杏仁因含有大量苦杏仁甙，需脱甙后使用。核桃仁要求新鲜无霉变。

酱花生

②浸泡、热烫、去皮：将挑选后的花生仁、杏仁、核桃仁分别放入水中浸泡，使颗粒膨胀；再用沸水进行热烫至脆。热烫完成后迅速转入冷水中冷却，脱去外皮。核桃仁外皮要用签剔去。

③盐渍：将去皮后的花生仁、杏仁、核桃仁分别放入饱和食盐溶液中，盐渍4～6时，捞出后装入脱水袋，用甩干机去除表面水分。

④酱制、成品：将盐渍处理后的花生仁、杏仁、核桃仁按比例混合装入酱制布袋，放入甜面酱中酱制，每天串袋一次，20天即为成品。采用真空法酱制更佳。

四、泡菜加工技术

(一) 生产工艺流程

原料选择、处理、洗涤→成胚→腌制→装坛→成熟。

(二) 生产要点

①原料选择、处理、洗涤：几乎所有的蔬菜都可以用来制作泡菜，近几年有些泡菜生产企业也使用果品制作泡菜。原料必须来自合格基地，农残、重金属、微生物等检验合格。泡菜生产应选择新鲜果品蔬菜原料，剔除不适宜加工的部分，如老筋、粗皮、须根等。去除病虫斑点，洗净晾干水分。发酵使用的泡菜水若能接种乳酸菌，菜体最好用0.1%的高锰酸钾溶液或600毫克/升漂白粉溶液进行杀菌处理，完成后再清洗甩干水分。细长原料如菜豆、豌豆、大葱等可捆成捆；大型或不规则原料如大白菜、甘蓝、萝卜等，可切成4～6块。

②成胚：产业化生产泡菜，应根据原料质地、含水量、果胶含量等，用6%～10%的食盐溶液进行腌制；少量制作时用2%～4%的食盐和菜体揉搓后干腌。

③腌制：配制泡菜液时，泡菜腌制液用水最好选用16毫克/升左右的硬水，若硬度不够可添加氯化钙等硬化剂调节硬度至16毫克/升。用适宜硬度的水配制与原料等重的6%～8%食盐水，煮沸后过滤，再按水量加入3%白砂糖（若调色，可加入红糖）、3%干红辣椒、2.5%高度白酒、10毫升/克冰醋酸（也可加相当量的食醋）搅拌均匀，使糖溶解。根据成品风味要求加入香辛料（一般按盐水量计，加老姜5%、八角0.1%、花椒0.05%、胡椒0.08%及少量陈皮、甘草等，放入香料袋），泡菜液最好加入乳酸菌培养液或3%～5%陈泡菜水接种。

④装坛：将处理好的蔬菜原料装入泡菜坛或发酵池，放入香料包，再放入原料至坛口6～9厘米处；注入泡菜水淹没菜体，盖上坛口小碟，注入坛沿水以形成水封；发酵池用塑料薄膜密封好。

⑤成熟：装坛后，将泡菜坛置于适当地方（卫生、通风、无阳光直射等），发酵池应做好卫生和温度等管理，发酵成熟最适温度为24～30摄氏度，发酵成熟时间一般夏天5～7天，冬天12～16天。若全程规范操作，产品可保存1～2年。

泡菜成熟期间，要定时检查，精心管理。要注意坛沿清洁，及时补充合格清水。揭盖动作要轻，避免坛沿水溅入坛内。泡制成熟后，应及时食用或加工。重新添加蔬菜等原料时，要补充食盐等调料，禁止把油脂等杂物带入泡菜坛或泡菜池，避免引起变质。

五、韩式泡菜加工技术

(一) 生产工艺流程

原料选择、处理→腌制→清洗、捏水→涂抹辅料、包紧→发酵、成品。

（二）生产要点

①原料选择、处理：原料必须来自合格基地，农残、重金属、微生物等检验合格。韩式泡菜由主料和辅料等加工制成，主料为大白菜，辅料有白萝卜、韭菜、洋葱、大葱、小香葱、生姜、大蒜、鲜虾酱、食盐、白砂糖、辣椒粉、韩国香料、糯米粉等。选择中等大小（约 2.5 千克）的绿叶大白菜，大白菜要求新鲜、无病虫害。去除外层老叶，切去根部，用刀把白菜从根部向顶部竖切 1/3，再把白菜掰开，平分为两半。辅料用的蔬菜要求新鲜、无腐烂、无病虫害等，白萝卜要清洗、去皮、切丝；大葱、小香葱要去老皮、干叶，清洗控干水分，再切丝、切段；洋葱、大蒜、生姜去皮清洗、控干水分，破碎成泥状；糯米粉加水煮成糯米糊（一般 20 克糯米粉加入 300 克左右水，不断搅拌煮成糯米糊，冷却后使用）；每 100 千克大白菜，用白萝卜 15 千克、韭菜 1.6 千克、洋葱 1.2 千克、大葱 1.1 千克、小香葱 1.3 千克、生姜 1.3 千克、大蒜 3 千克、鲜虾酱 2.3 千克（可用绞肉机把清洗后的活虾绞成泥状）、辣椒粉 3.6 千克、食盐 0.7 千克、糯米粉 0.2 千克、白砂糖 1.5 千克、韩国香料 0.2 千克等，所有辅料按要求处理好，混合均匀即可使用。

②腌制：把切分后的白菜码放到腌制容器中，加入 2% ~ 4% 的食盐水溶液腌制 12 时。

③清洗、捏水：腌制完成后，把白菜放入清水中清洗，去除烂叶，用手挤捏去除白菜上的水分。

④涂抹辅料、包紧：把白菜叶从外向内依次分开，依次涂抹辅料；涂抹完成后，把白菜叶向根部折起，用最外层的白菜叶缠绕紧，放入发酵设备码放紧实，密封。

⑤发酵、成品：在 0 ~ 5 摄氏度条件下发酵 7 ~ 10 天即为成品。

六、糖醋菜加工技术

（一）生产工艺流程

原料选择、处理、洗涤→腌制→脱盐→配制糖醋液→装罐或装坛、成品。

（二）生产要点

①原料选择、处理、洗涤：原料必须来自合格基地，农残、重金属、微生物等检验合格。选择幼嫩质脆的黄瓜、萝卜等蔬菜，清洗晾干水分。

糖醋菜

②腌制：将蔬菜称重后放入菜坛或腌制池中，注入 8% 的食盐水溶液，原料全部浸入盐液。第二天加入原料和食盐溶液总重量 4% 的食盐，第三天再加入总重量 3% 的食盐，第四天起加入总重量 1% 的食盐，直

至盐浓度保持在 15 波美度，盐渍 2 周，使原料呈半透明状。

③脱盐：使用菜体等量 65～70 摄氏度的热水进行快速脱盐，维持 15 分，再移入冷水中浸泡 30 分脱盐，捞出甩干水分。

④配制糖醋液：在 2.5%～3.0% 的发酵醋 100 千克中，加入食盐 7～14 千克和包好的香料包（豆蔻粉 0.5 千克、生姜 2 千克、桂皮 0.5 千克、白胡椒粉 1 千克等），用夹层锅加热至 80～82 摄氏度，维持 1 时后取出香料袋，再加入 200～250 千克白砂糖或红糖，搅拌制成糖醋液。

⑤装罐或装坛、成品：在糖醋液中加入等量的脱盐原料，加热至 80～82 摄氏度，维持 5～10 分，即可装罐或装坛密封，冷却后保存 25～60 天即为成品。

七、糖蒜加工技术

（一）生产工艺流程

原料选择、处理→浸泡→腌制、晾晒→糖制、成品。

（二）生产要点

①原料选择、处理：原料必须来自合格基地，农残、重金属、微生物等检验合格。用于制作糖蒜的大蒜，应选用新鲜蒜，大蒜田间收获蒜薹后 5～7 天采收，比正常收获的大蒜早收获 5～7 天。采收后的大蒜去根须，留 0.5～1.0 厘米假茎。去除蒜头表面 1～2 层老皮。挑选出畸形、机械伤、病虫害和散瓣等蒜头。

②浸泡：将处理后的大蒜放入浸泡池或容器中，每天换水一次，浸泡 5～7 天。

③腌制、晾晒：将浸泡后的大蒜放入腌制池或容器中，一层蒜一层盐，每天翻倒一次，腌制 3～4 天；每 100 千克大蒜用盐 5～7 千克。腌制完成后晾晒一天即可。

④糖制、成品：将盐腌后的蒜头放入糖制容器，注入调配好的糖卤，蒜面要保持 2～3 厘米的糖卤，卤液面侧层再撒 2 千克白砂糖，密封腌制容器，腌制 2～3 个月即为成品。每 100 千克鲜蒜，用白砂糖 50 千克（可用 10～20 克糖精钠、甜蜜素、安赛蜜、蛋白糖、甜叶菊苷等中的一种或多种替换部分白砂糖）、水 100 千克、白醋 1 千克、苯甲酸钠 10 克等。将所有配料搅拌均匀煮沸，冷却到 40 摄氏度以下即为糖卤。

八、糖醋蒜加工技术

（一）生产工艺流程

原料选择、处理→腌制、成品。

（二）生产要点

①原料选择、处理：同糖蒜要求，处理好的鲜蒜需清洗、晾干水分。制作亮白糖醋蒜需选用白皮蒜作为原料。

糖醋蒜

②腌制、成品：将处理好的蒜头放入腌制容器，注入调配好的糖醋液，蒜面要保持2~3厘米的腌制液，密封容器，腌制4~5周即为成品。每100千克鲜蒜，用白砂糖4~5千克（可用10克左右糖精钠、甜蜜素、安赛蜜、蛋白糖、甜叶菊苷等中的一种或多种替换部分白砂糖）、食醋9.5千克（制作亮白糖醋蒜需选用白醋）、苯甲酸钠10克、味精少许等。将所有配料搅拌均匀煮沸，冷却到40摄氏度以下使用。

九、香菇盐渍加工技术

（一）生产工艺流程

原料选择、处理、分级→清洗→热烫→冷却→饱和食盐溶液制备→盐渍。

（二）生产要点

香 菇

①原料选择、处理、分级：原料必须来自合格基地，农残、重金属、微生物等检验合格。盐渍用的香菇应适时采收，清除杂质，去除病虫害、机械伤及腐烂菇体。菌菇要求菌盖完整，削去菇脚基部。采收后及时处理，将鲜香菇的菌柄距离菌盖1厘米处剪去，并根据大小和开伞程度进行分级。一般把香菇分成两个等级，一级菇菌盖边缘内卷，菌盖圆整、厚实，七八成熟；二级菇菌盖边缘稍内卷，菌盖圆整、稍薄。处理后的香菇应及时进行盐渍加工，防止褐变或腐烂。

②清洗：将经处理分级后的香菇用0.5%的氯化钠溶液清洗，洗去菌体表面的泥屑和杂物。

③热烫：将清洗后的香菇倒入沸水中，水与菇比例应大于2:1，煮至菇体无硬心、熟而不烂为止。检测菇体是否煮透的方法是将热烫的菇体放入冷水中，若菇体下沉入水，说明已热烫完成；若浮在水面，说明气体未完全排除。

④冷却：将热烫后的香菇通过流水线输送到冷水槽中冷却降温，使菌体温度降至室温。

⑤饱和食盐溶液制备：将食盐与水按10:4的比例放入夹层锅中煮沸溶解，测量盐水浓度达到23波美度为宜，加入少量明矾静置，冷却后过滤得到澄清透明饱和食盐水溶液。食盐水溶液再用含柠檬酸50%、偏磷酸钠42%、明矾8%混合物调整pH值，pH值调至3（夏季）或3.5（冬季）即可。

⑥盐渍：捞出冷却后的香菇，沥去水分后送入腌制容器或腌制池。腌制容器清洗干净，再用0.5%的高锰酸钾消毒，最后用沸水冲洗。沥去水分的菇体按每100千克加盐30千克左右的比例进行腌制。容器底部撒一层盐，放一层菌菇，依次一层盐一层菇，距离容器顶部5~10厘米加盖特制的不锈钢网架（防止菌体上浮），固定好后，注

入处理好的食盐溶液，食盐溶液要淹没菌体。盐渍 15 天以上才可按成品要求装桶。

思考题

1. 简述蔬菜腌制的概念和分类。
2. 简述冬菜的加工方法。
3. 简述酱黄瓜的加工方法。
4. 简述酱三仁的加工方法。
5. 简述泡菜的加工方法。
6. 简述韩式泡菜的加工方法。
7. 简述糖醋菜的加工方法。
8. 简述糖蒜的加工方法。
9. 简述糖醋蒜的加工方法。
10. 简述香菇盐渍的加工方法。

模块四 粮油产品产业化生产

项目一 大米类产品产业化生产

学习目标

1. 了解稻谷的种类、籽粒形态结构及化学组成；
2. 掌握稻谷制米产业化生产方法、工艺流程及稻谷加工副产物综合利用途径；
3. 熟悉大米深加工制品。

稻谷作为我国第一大主粮，在保障国家粮食安全中具有重要地位。目前，我国是世界上最大的大米生产国，产量多年保持在 2 亿吨以上，占全球大米产量的近 30%。大米类产品加工是我国粮油工业的重要组成部分。

阅读资料

河南武陟探索稻米深加工产业链

农民们把育好的水稻秧苗运送到田间地头，机手们驾驶插秧机在农田里穿梭作业，转瞬间，一盘盘嫩绿的秧苗便整齐地立在田间……望着满田的新绿，全国"一村一品"水稻种植示范村镇——河南省武陟县乔庙镇党委书记说："我们这里有武嘉灌渠五支河、人民胜利渠、白马灌渠和友谊支渠等引黄工程，土地经过黄河水的灌溉，特别适合种植水稻，种出来的水稻产量高、品质优，深受消费者欢迎。"

乔庙镇地处黄河滩区，水资源充沛，土地肥沃，自古就有种植水稻的传统，历来有"稻米之乡"之称。多年来，该镇依托当地水稻种植历史优势及宝贵的黄河水资源，积极争取相关资金，实施小型农田水利工程、农业综合开发、土地整理、高标准良田等农业项目，不断完善水利设施，形成了林成网、田成方、沟相通、渠相连的土地格局，为水稻种植及加工业的蓬勃发展创造了条件，奠定了基础。

乔庙镇建成了优质水稻、水景莲藕、无公害蔬菜三大特色农产品基地，成功创建了河南省万亩优质粮生产基地和万亩优质水稻种植生态园，水稻种植规模化基本形成。

随着水稻种植面积的扩大，乔庙镇积极实施资源变资产、资金变股金、农民变股东"三变"改革，统筹推进土地流转，大力培育新型农业主体，以合作社和家庭农场形式带动群众种植水稻，将水稻种植面积稳定在 2 万余亩，并逐步向规模化、标准化、品牌化发展。

得益于乡村振兴战略的实施，乔庙镇以培育农产品加工大集群、大品牌、一二三产业有效融合为发展目标，将生产、生活、生态相结合，探索创新稻米深加工途径，并延伸到生产、加工、流通、销售等各个领域，形成了从水稻种植—精米加工—大米深加工—线上线下销售的完整特色产业链条，不断提升水稻生产附加值，有效带动群众增收致富。

为拉长水稻生态效益链条，乔庙镇依托水稻绿色种植，以新产业、新业态促进水稻种植及加工业的纵深发展。500 亩稻鱼混养基地、100 亩稻虾混养基地、200 亩无公害有机水稻科研试验区的建立，让当地水稻产业呈多功能、多维度发展。

一粒米顶起一个产业，一粒米富裕一方百姓。乔庙镇发展水稻产业，辐射带动附近 20 个村庄的 3 000 余户农民进行水稻种植，形成了一二三产业高度融合、整体驱动的品牌体系。

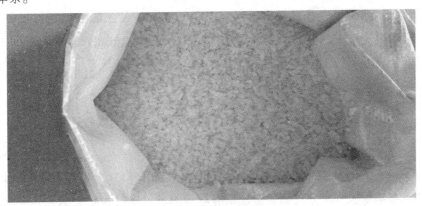

大 米

一、稻谷的分类

我国稻谷种植历史悠久，稻种资源种类丰富。在 7 000 多年前，中华先民就开始种植水稻。目前 7 万多国内品种已编入国家稻种资源目录，其中古老的地方品种达 5 万多。

（一）按照稻谷籽粒形态和质地分类

可分为籼稻、粳稻和糯稻。

籼稻谷粒细长，外形呈长椭圆形或细长形，米粒强度小，耐压性能差，加工时易产生碎米，出米率低，煮饭黏性较小，米饭胀性较大。

粳稻谷粒阔而短，外形呈卵圆形或椭圆形，米粒强度大，耐压强度高，加工时不易产生碎米，出米率高，煮饭黏性较大，米饭胀性较小。

糯稻谷粒呈椭圆形或细长形，米粒呈乳白色，不透明或者半透明，黏性大，米粒强度小，耐压性能差，加工时易产生碎米，米饭胀性小。

（二）按照稻谷的种植时期分类

可分为早稻、中稻、晚稻。

早稻一般于 3 月底 4 月初播种，7 月中下旬收获，生长周期为 90 ~ 120 天；中稻一般于 4 月初至 5 月底播种，9 月中下旬收获，生长周期为 120 ~ 150 天；晚稻一般于 6 月中下旬播种，10 月上中旬收获，生长周期为 150 ~ 170 天。

（三）按照生长环境分类

可分为水稻和旱稻。

水稻种植于水田，需水量大，籽粒品质较好。旱稻种植于旱田，需水量较小，籽粒组织松散、强度小，加工生产碎米多，米粒颜色较暗淡，种植面积较小。

二、稻谷籽粒的形态结构

稻谷籽粒的结构主要由稻壳（颖壳）和糙米（颖果）两大部分组成，籽粒由外而内分别为稻壳、米糠层、胚及胚乳等部分。稻谷经机械加工脱去稻壳后可得到糙米，糙米的主要部分为胚乳，其质量约占整个籽粒的 70%。糙米属颖果，再经加工碾去外表皮层部分为米糠，留下的胚乳即为食用的大米。

三、稻谷主要化学成分

稻谷中主要含有水分、糖类、蛋白质、脂肪、矿物质等化学成分。

（一）水分

水分是稻谷的重要化学成分，与稻谷的储存和加工关系密切。水分含量高低对稻谷制米加工影响很大：水分过高会造成稻谷筛理困难，皮层和胚乳结合力强而难剥离，增加机械动力消耗和成本，影响清理效果，使籽粒强度降低，碎米增加，出米率低；水分过低，稻谷籽粒发脆，易产生碎米，降低出米率。适宜的水分含量约为 14%。

（二）糖类

糖类是人体所需能量的主要来源，稻谷中糖类主要以淀粉的形式存在，是稻谷的主要成分，大部分存在于胚乳中，含量在 70% 左右。

（三）蛋白质

蛋白质是构成生命的重要物质。在稻谷中，蛋白质含量一般在 7% ~ 10%，主要在胚乳中，其中谷蛋白含量最多，占总蛋白质含量的 80%。蛋白质含量高低，影响籽粒强度，蛋白质含量越高，籽粒强度越大，耐压性能越强。

（四）脂肪

稻谷中脂肪含量约为2%，主要存在于胚和皮层中。大米中的脂肪含量与加工精度有关，脂肪可用来评定大米的加工精度，加工程度越高，脂肪含量越低，精制大米中仅含0.3%~0.5%。

（五）矿物质

稻谷高温燃烧后剩余的白色物质为矿物质，又称为灰分。矿物质的含量与气候、土壤、肥水等栽培环境因素有关，主要集中在稻壳和糊粉层中。大米加工精度越高，矿物质含量越低，糙米矿物质含量高于精米。

四、稻谷制米加工流程

（一）清理

清除稻谷中的杂质，是稻谷制米加工过程中的第一道工序。稻谷在种植、收获、储藏和运输过程中，都有可能混入各种杂质，如杂草、沙石、金属、稗粒等。为保证成品大米的质量，在加工过程中，要先将杂质清除，否则杂质混入成品，降低产品的纯度，影响大米质量和机械设备的工作效率。

在清理稻谷杂质时，可根据稻谷中杂质的种类、尺寸、密度、结构等特性选择合适的清理方法，主要有风选法、筛选法、相对密度法、磁选法等。采用的清理设备有风选机、初清筛、振动筛、比重去石机、磁筒等。杂质清理本着先易后难的原则，具体清理过程为稻谷及杂质经过风选装置去除轻杂物，再经筛选装置筛除与稻谷粒度相差较大的杂质，最后经去石、磁筒装置分离稻谷中的杂质。稻谷经清理后即为净谷，其含杂质总量不应超过0.6%。

（二）砻谷

砻谷是指稻谷脱除稻壳获得糙米的过程。根据稻谷结构特点，由砻谷机施加一定的机械力，使稻壳与糙米分离，获得纯净的糙米。砻谷后的混合物主要有糙米、稻壳、米糠、未脱壳的稻谷等。

（三）谷糙分离

谷糙分离是稻谷制米的关键环节，是指将糙米和谷糙混合物应用谷糙分离装置进行分离的过程。得到的纯净糙米进入碾米工序。

（四）碾米

碾米是应用物理（机械）或化学方法，碾去糙米表面的皮层得到白净大米的过程，除去的皮层被称为米糠。

（五）成品整理

碾压后的米经机械摩擦，米温较高，并混有米糠和碎米，影响产品品质，不利于贮存。成品整理主要包括大米抛光、晾米、分级、包装四道工序。

抛光是去除黏附在白米表面的米糠粉及米粒间混杂的糠块，从而使米粒表面光滑、色泽光亮。

晾米主要是降低米温，便于储存，一般采用通风冷却的方法。

分级是根据质量标准将白米分级为特级米、一般米、大碎米、小碎米，常用的设备是白米分级筛。

包装的目的是保证大米质量，延长贮存期限，避免在运输和贮存过程中，受到灰尘、昆虫、细菌和霉菌等污染，采用真空包装、充气包装、塑料袋包装等形式。

五、稻谷加工副产品综合利用

在稻谷制米的过程中，副产物主要有稻壳、碎米和米糠。稻谷加工副产物具有较大的经济价值和环境价值。我国每年稻米副产品达 4 500 万多吨，稻米加工副产物利用率高低，直接影响我国稻米加工的资源利用率与增值效益。

（一）稻壳

稻壳是稻谷的谷壳，占稻谷质量的 20% 左右。稻壳的主要成分为粗纤维，是稻谷经过加工生产出精米的过程中的第一个产出物。目前，稻壳的深度开发应用领域较为广泛，已在化工、农业、食品等行业应用，是废物利用的重要方面，具有广阔的开发前景。

稻壳经过物理加工后可用来做燃料、饲料原料、养殖垫料、有机肥原料等。如在大棚蔬菜种植中，在粪肥中加入稻壳，能有效提高土壤透气性，改良土壤结构；冬天在地里铺一层稻壳，可有效降湿、增加地温、疏松土壤等。从稻壳灰中提取的二氧化硅，可用于制造轮胎胶料的补强剂；稻壳是酿造白酒的优良填充剂，用于调节酒醅淀粉浓度。稻壳具有弹性，还可起到疏松作用。稻壳经深加工后，可做环保餐具、餐盒，属可降解材料，能减少环境污染。

（二）米糠

米糠又称米皮、细糠和清糠，是从糙米籽粒上碾下的皮层，是稻谷加工副产品之一。米糠约占稻谷重量的 6%。我国的米糠年产量达 1 000 万吨以上，但大多数未被合理利用。

米糠主要由糖类、脂肪、蛋白质、膳食纤维等组成，还含有较多的灰分和维生素。米糠中的糠类物质经过稳定处理，可以成为一种膳食纤维源，制成米糠纤维、米糠多糖等产品。米糠中含有 20% 左右的油脂，用其加工精制而得的米糠油，富含油酸、亚油酸、亚麻酸等有益脂肪酸，有益于人体健康，具有较高的营养价值。另外，米糠中还可制取糠蜡，用于光泽剂、防水剂及水果保鲜剂的生产。

（三）碎米

在碾米的过程中，因受摩擦力和碾摩力的作用，不可避免地产生10%～15%的碎米，其营养价值与大米相近。碎米综合利用的途径主要有，利用碎米中的蛋白质，制得高蛋白米粉，可作为婴儿、老年人所需的高蛋白食品。以米糠和碎米为主要原料加工制成的方便粥片，可供早餐、旅行和营养保健食品之用。提取碎米中的淀粉，利用淀粉可制得果葡萄浆、山梨醇、饮料等。目前，大米淀粉及其衍生物是重要的工业原料，已广泛应用于造纸、食品、纺织、医药等多个领域。

六、大米制品

大米制品是以大米为原料，通过不同加工工艺加工而成的各类产品，传统的大米制品主要有米酒、米醋、米粉等。随着稻谷加工技术的进步和消费升级，营养、健康、方便的大米制品，越来越受消费者的青睐。大力开发的大米新产品和食品，将是传统精制大米的换代产品，如米制休闲食品、方便米饭、营养强化米等，具有质量轻、携带食用方便、安全卫生等优点，已形成消费热点，满足了人们传统饮食习惯和对营养的需求。

表4.1-1　常见传统大米制品与新型大米食品

名称	食品
传统大米制品	米酒、米醋、米粉、米皮、发糕、米线、粽子、糍粑等。
新型大米食品	米制休闲食品、方便米饭、方便米粥、营养强化米、大米乳酸饮料等。

（一）干米粉的加工

米粉是我国传统大米制品，以大米为原料，经浸泡、磨粉、蒸煮、成型等多个工序加工而成。根据含水量的差异，米粉分为干米粉和湿米粉。与湿米粉相比，干米粉保质期长，便于运输，逐渐成为大众喜爱的食品种类。

干米粉的生产流程：选择原料米→浸泡→粉碎→混合→挤压熟化成型→老化→干燥→包装。

①选择原料米：选择洁白透明、颗粒完整的优质大米，一般选用籼米；清理大米中的杂质，保证米粉质量。

②浸泡：浸泡的目的是让大米吸水膨胀，软化坚硬组织，使米粒结构疏松，易于磨碎。浸泡时间约1.5时，待大米泡透发胀后将池中的水排掉并滤干。滤干时间达到30分以上，即可进入制粉工艺。

③粉碎：将浸泡后的大米在粉碎机中搅拌粉碎，成粉末状，干湿度适宜。粉碎后的大米通过筛网过滤掉杂质和固体颗粒，保证大米粒细腻均匀，保证干米粉不粗糙、光泽度好。

④混合：粉碎后的大米若含水量低，可根据工艺要求适当添加水分，同时还要按

照比例加入一定的玉米淀粉作为辅料，并用搅拌机让其充分搅拌均匀，增加口感。

⑤挤压熟化成型：挤压熟化成型是米粉制作过程中的关键工序，直接影响到成品的质量。米浆经熟化处理后，挤压成丝，挤出的米粉条要组织结构紧密、粗细一致、表面光滑、无气泡、富有韧性。

⑥老化：老化是决定米粉最终品质的关键环节，目的是利用设备、改变温度重组淀粉分子，使米粉更富有弹性、口感纯正。

⑦干燥：老化后的米粉需要清洗，确保米粉之间松散，干燥常用的方法是自然晾晒、热风干燥。自然干燥成本低，但干燥速度慢，受环境影响大；热风干燥卫生、便捷，但要控制好温度和时间，避免出现水分过低、断条率较高的现象。

⑧包装：干燥后的米粉冷却后，经杀菌消毒进行冷却包装。

（二）方便米饭加工流程

方便米饭是指经规模化生产的，在食用前只需做简单烹调或者直接可食用，风味、口感、外形与普通米饭一致的主食食品，满足了人们传统的饮食习惯和对营养的需求。

方便米饭的生产流程：原料大米的选择→清洗→浸泡→蒸煮→离散→干燥→杀菌。

①原料大米的选择：应选择优质大米作为原料，米粒完整、色泽光滑，保证成品的质量。

②清洗：清除大米原料中含有的砂石、杂草等杂质，保证大米清洁卫生。

③浸泡：浸泡的目的是使大米充分吸收水分，提高淀粉糊化程度，减少生产耗能。水米比例2:1，常温浸泡法是将已淘洗大米放入冷水中在常温下浸泡60~100分；高温浸泡法则是将已淘洗大米放入70摄氏度热水中浸泡约20分。

④蒸煮：蒸煮工艺是产品品质形成的关键工序，是对大米进行加热处理，使大米中的淀粉糊化，关键在于蒸煮的时间、温度和加水量。目前大多数米饭的蒸煮工艺中加水量一般为大米重量的1.2~1.7倍，常用方法有高压蒸煮、常压蒸煮和微波蒸煮。

⑤离散：大米经蒸煮后，因米粒表面糊化、水分含量高、米粒易结块，因此在干燥前需进行离散处理。离散的方法主要有热水离散、冷水离散和机械离散等，能提高米饭口感，确保米粒的完整。

⑥干燥：米饭在离散后需要马上进行干燥。干燥方法主要有热风干燥、微波干燥、真空冷冻干燥等，其中最常用的是热风干燥，即利用热传导或对流的方式，使水分在高温下蒸发，设备简单、成本低，但所需时间较长，易加热不均匀；微波干燥是利用电磁波加热，干燥速率快、效率高，近年来应用较为普遍；真空冷冻干燥是在冷冻真空条件下脱水干燥，保持了米饭风味和营养，但成本较高。

⑦杀菌：对米饭进行高温杀菌处理，以延长保存期限。

思考题

一、单选题

1. 籼米籽粒细长，呈长椭圆形或细长形，米粒强度（　　），耐压性能（　　），加工时易产生碎米，出米率较（　　），煮饭黏性小，米饭胀性较大。

A. 小；好；高　　　　B. 小；差；低　　　　C. 大；好；高　　　　D. 小；差；高

2. 晚稻的生长周期一般为（　　）天。

A. 60～90　　　　B. 90～120　　　　C. 120～150　　　　D. 150～170

3. 稻谷中主要化学成分是（　　）。

A. 脂肪　　　　B. 糖类　　　　C. 蛋白质　　　　D. 维生素

4. 以下不属于稻谷入库后保存方法的是（　　）。

A. 保证入库稻谷的质量　　　　B. 增加稻谷的水分

C. 适时通风　　　　D. 低温密闭

5. 硬度低、黏性大、胀性小、色乳白不透明，成熟后有透明感的米是（　　）。

A. 籼米　　　　B. 粳米　　　　C. 糯米　　　　D. 大米

6. 在稻米的结构中，（　　）部分的淀粉含量最多。

A. 稻壳　　　　B. 糊粉层　　　　C. 胚乳　　　　D. 米糠层

7. 稻谷脱壳后成为（　　），营养较为全面，应提倡食用。

A. 精米　　　　B. 糙米　　　　C. 糯米　　　　D. 蒸谷米

8. 碾米是应用物理（机械）或化学方法将（　　）除去。

A. 糊粉层　　　　B. 胚乳　　　　C. 米糠层　　　　D. 胚芽

9. 在稻谷加工过程中，主要会产生三种副产品：稻壳、米糠和（　　）。

A. 米粉　　　　B. 碎米　　　　C. 淀粉　　　　D. 米皮

二、简述题

1. 请简述稻谷制米的流程。

2. 稻谷制米加工副产品有哪些？如何综合利用？

3. 请简述干米粉的加工流程。

知识拓展

如何挑选优质大米

一"望"

观察颜色和外观，优质大米一般洁白透明、颗粒整齐、圆滑光润，劣质大米颜色一般呈灰白色，光泽性差。观察大米腹白，即米粒腹部是否存在不透明白斑，腹白越多，大米水分越高，蛋白质含量越低，品质越差。观察大米爆腰，即米粒表面是否出现横裂纹，米粒在加工干燥过程中的急热导致内外收缩失去平衡会造成爆腰，食用时外烂里生，优质大米外表光滑，无裂纹。

二"闻"

可取少量大米放置手掌中嗅其气味，新鲜大米具有天然清香味，劣质大米则有轻微霉味、酸味或其他异味。

三"摸"

新鲜大米手感光滑、湿润，硬度较高，陈米或劣质大米手感粗糙，手捏易碎。

项目二 小麦类产品产业化生产

学习目标

1. 了解小麦的分类；
2. 掌握小麦制粉产业化生产方法、工艺流程及小麦加工副产物综合利用途径；
3. 熟悉小麦深加工制品。

小麦是我国主要的粮食作物之一，全国常年产量在 1.25 亿~1.35 亿吨，小麦产业发展直接关系到国家粮食安全和社会稳定。

阅读资料

滨州中裕如何做好"麦田里的守望者"

在滨州中裕食品有限公司，人们用一粒小麦"种"出全国最长、最完整的麦业产业链。

提档升级拉长粮食产业链

提起小麦，人们往往想到的是与生活息息相关的馒头、面条、面包等产品。但在中裕，一粒小麦等于十大系列 600 多种产品，实现了对小麦的全价值利用。普通企业加工 1 吨小麦，只能生产面粉和副产物，产品总价值 3 700 元左右；中裕加工 1 吨小麦，可以生产出面粉、挂面、谷朊粉、特级食用酒精、膳食纤维、赤藓糖醇、蛋白肽等，产品总价值 9 140 元左右，比普通加工产值提高 2.5 倍。

中裕在全国首创了"三产融合、绿色循环"的"中裕模式"，率先打造了我国最长最完整的小麦全产业链，包含高端育种、订单种植、仓储物流、初加工、深加工、废弃物综合利用、生态养殖、蔬菜种植、食品加工、餐饮商超服务十大板块。

通过这条产业链，中裕生产出了包括面粉挂面系列、谷朊粉酒精系列、高纤维系列、糖醇蛋白肽系列、纯粮猪肉系列、烘焙系列、面食速冻系列、绿色蔬菜系列等产品，公司年小麦加工能力 120 万吨，年产面粉 50 万吨、挂面 42 万吨、谷朊粉 11 万吨、特级酒精 20 万吨、赤藓糖醇 4 万吨、膳食纤维 2.5 万吨、蛋白肽 2 万吨、速冻食品 2 万吨、烘焙食品 2 万吨，年出栏生猪 150 万头，年销售收入超 100 亿元。

科技赋能首创"三产融合、绿色循环"发展模式

中裕是全国唯一一家具有自主育种能力的小麦加工企业，成功创建了国家小麦加工重点实验室、国家小麦加工产业技术创新中心、国家级博士后科研工作站。公司通过与高校、科研院所等单位合作，进行"产学研"一体化合作育种，研发出适应黄河三角洲地区种植、适合企业加工的12个优质强筋小麦新品种，提取小麦最精华部分生产面粉、挂面及速冻面食、烘焙食品等，以小麦加工副产物生产谷朊粉、特级酒精，并率先实现以副产物生产膳食纤维、赤藓糖醇、蛋白肽的三个"全国第一"，领军全国小麦精深加工产业，实现了"一产优、二产强、三产旺"。

多年来，中裕依托小麦全产业链，通过对小麦的"全价值利用"，彻底解决了加工、养殖过程中的废弃物处理问题，实现了"基地种植→工厂加工→废弃物利用→液态饲喂→生猪养殖→沼气热电联产→有机肥→小麦种植"的农牧产业绿色循环，打造了现代种植业、加工业、养殖业等产业"互为源头、互为终端"的深度融合发展新业态。

一、小麦的分类

（一）按照播种季节分类

按播种季节不同，可将小麦分为春小麦和冬小麦两种。春小麦春季播种，秋季收获，生长周期短，主要分布在长江以北，以一年一熟为主。冬小麦通常在秋季种植，春季收获，越冬生长，抗寒能力强，生长周期较长，一般需 8～10 个月，分布较广。我国以冬小麦种植为主，种植面积达90%。冬小麦具体还可分为北方冬小麦和南方冬小麦。

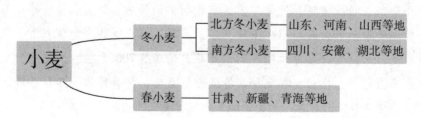

（二）按照小麦皮色分类

小麦按皮色可分为白皮小麦和红皮小麦两种，主要区别在于外皮颜色，即白麦和红麦。白麦呈黄白色或乳白色，皮薄，胚乳含量较高，出粉率较高；红麦呈深红色或红褐色，皮较厚，胚乳含量少，出粉率较低。

（三）按籽粒粒质不同分类

小麦按籽粒胚乳结构呈角质或粉质的含量不同，可分为硬质小麦和软质小麦。角质胚乳结构紧密，呈半透明状；粉质胚乳结构疏松，呈石膏状。硬麦是指硬度指数不低于 60 的小麦，软麦是指硬度指数不高于 45 的小麦，介于其间的是混合麦。

硬麦切开后横断面呈玻璃状，胚乳质地硬，抗粉碎能力强，研磨时耗能大，磨出物粗粒多、细粉少，出粉率较高，面筋品质较好，适合做面包、面条、水饺等食品；软麦横断面为不透明粉质，胚乳质地柔软，抗粉碎能力弱，易于磨碎，磨出物粒度较细，胚乳与麦皮不易分开，出粉率低，磨出的面粉适于生产饼干、糕点等食品。

二、小麦籽粒的形态结构

小麦籽粒主要由皮层、胚和胚乳三部分组成。小麦籽粒的腹面有一条几乎布满整个籽粒的纵向腹沟，腹沟内所含麦皮，很难剥去，其不仅影响出粉率，还是微生物、灰尘、农药等的藏匿处。小麦皮层质量占整粒小麦的 14%～19%，按其组织结构分为六层，由外向里依次为麦皮、外果皮、内果皮、种皮、珠心层、糊粉层，保护胚和胚乳。外五层统称为外皮层，因含粗纤维较多，口感粗糙，人体难以消化吸收，应尽量避免将其磨入面粉。小麦的最内层为糊粉层，亦称外胚乳或内皮层。胚在籽粒背面的基部，占总质量的 2%～3%。胚乳主要含淀粉粒和蛋白质，为种子萌芽、出苗和幼苗初期生长供应养分，占总质量的 90%～93%。

三、小麦主要化学成分

小麦的化学成分主要包括水分、糖类、蛋白质、脂肪、维生素和矿物质等。

（一）水分

水分的含量对小麦的质量、储存和加工具有重要影响，小麦的标准水分含量为 12.5%，含水量适宜的小麦适应磨粉工艺的要求。水分过低，小麦胚乳干硬不易磨碎，麸皮脆且易碎，导致面粉的含麸量增加，影响面粉质量；水分过高，易发生霉变，不易储存，在制粉过程中，小麦的胚乳和麸皮难以分离，易造成筛孔堵塞，筛理困难，出粉率低，增加机械成本消耗。

（二）糖类

糖类主要以淀粉形式集中在胚乳中，淀粉含量和出粉率成正比，是加工面粉的重要原料。

（三）蛋白质

蛋白质含量是影响小麦的面筋品质和加工品质的重要因素之一。面粉中的蛋白质根据溶解性质不同可分为清蛋白、球蛋白、醇溶蛋白和谷蛋白四类，不同用途的小麦粉对小麦蛋白质含量要求不同，并且蛋白质质量决定着小麦粉的食品加工品质。

（四）脂肪

小麦脂肪主要存在于胚芽和糊粉层中，约占整籽粒小麦的 3%；小麦胚乳中含有较多的不饱和脂肪酸。在加工过程中，一般要除去胚芽，因其脂肪易氧化酸败，降低保存期限，影响小麦粉品质。

（五）维生素和矿物质

小麦粒是 B 族维生素和维生素 E 的重要来源，集中在糊粉层和胚芽部分，主要矿物质是钾、磷、镁和钙，少量含有锌、锰和铁。面粉加工精度越高，营养损失越多。

四、小麦制粉加工流程

小麦制粉是指小麦籽粒应用工艺和设备清理和调制后，将胚乳与麦胚、麦皮分开，再将胚乳磨细成粉的过程。再根据消费需要，进行不同等级面粉的配制或通过面粉处理，制成各种专用粉。

（一）小麦清理

小麦的生长、收获、储藏及运输中会掺入一些砂石、秸秆、灰尘、麦壳、金属、异种粮等杂质，未经清理的小麦被称为毛麦。小麦中的杂质会降低面粉纯度，使面粉中掺入有害成分，危害人体健康，降低小麦制粉的出粉率，还会磨损机器，降低生产效率，甚至造成事故。小麦清理是保证小麦粉质量和产品纯度的重要环节，在制粉前必须把毛麦中的各种杂质清除干净。小麦清理是应用各种清理设备和相应的措施将小麦中的杂质分离出来，同时对麦粒的表面进行清理达到入磨净麦的质量要求。

根据小麦中杂质大小、质量、颜色等物理特性的差异，小麦的清理主要采用筛选法、相对密度法、风选法、磁选法、光电分析法等方法进行。除杂设备有风选机、振动筛、去石机、洗麦机、精选机、永磁滚动筒等，通常利用风选机清除质量轻的杂质和尘土，用洗麦机清理小麦表面，根据相对密度的不同利用去石机清除石子，磁选设备清除金属杂质。

一般先清理和小麦差别大、易分离的杂质，防止设备和管道堵塞，保证后续设备的正常运转，并尽量减少灰尘对车间的污染，后清理与小麦差别小、难分离的杂质。经清理过的小麦，杂芥杂质不超过 0.3%，其中砂石不超过 0.02%，粮谷杂质不超过 0.5%，不应含有金属杂质。

（二）水分调节

水分调节的目的是重新调整小麦的水分，将小麦加水到适合制粉要求，降低胚乳强度，增强麦皮韧性，便于研磨制粉，改善小麦品质，提高出粉率，主要包括着水和润麦两个环节。常用着水设备有水杯着水机、喷雾着水机和强力着水机等。着水后的小麦在润麦仓中放置一段时间，使水分向麦粒渗透，扩散均匀。润麦时间和加水量取决于小麦种类、水分和环境气候，加工硬质麦或者气温较低的地方可适当延长润麦的时间。通常软麦最佳入磨含水量为 14.5%~15.5%，润麦 15~20 时；硬麦含水量为 16%~17%，润麦 25~30 时。

（三）小麦搭配

小麦的品种繁多，受种植地气候条件影响，小麦的色泽、粉质、水分、皮层薄厚、营养物质含量等不同，品质差异较大，影响小麦粉的质量。制粉企业要求小麦粉达到一定的质量标准，并保持稳定。小麦制粉前必须进行搭配，将不同类型的小麦按一定配比混合搭配，保证加工工艺的稳定性，提高出粉率，保证产品质量，增加效益。经过多年实践，小麦搭配的原则主要有根据小麦粉色泽搭配、根据小麦面筋含量和质量搭配、根据小麦水分含量搭配等，满足生产不同类型面粉的需求。

（四）小麦研磨制粉

小麦研磨制粉的目的是将净麦的麦皮与胚乳分离，并把胚乳研磨成粉状，或经过配粉等处理，制成各种不同等级和用途的成品面粉，主要有研磨、筛理、清粉、刷麸或打麸等工序。

1. 研磨

研磨是整个小麦制粉过程的中心环节，是将净麦送入研磨机械设备中，利用机械作用力将胚乳和皮层最大限度分离，然后从麸片上刮净胚乳，并将胚乳研磨成一定细度的小麦粉。需要经过连续的过程才可将小麦胚乳与皮层分离。研磨工序由皮磨、渣磨、心磨和尾磨组成。皮磨的主要作用是剥开麦粒，将麦皮上的胚乳刮净，使胚乳和麦皮最大限度分离，并尽可能保持麦皮完整，提取更多的粗粒、麦心和粗粉。渣磨的主要作用是处理带有麦皮的胚乳颗粒，再次将麦皮和胚乳分开，获得尽可能多的品质好的粗粉和麦心，增加优质麦心粉。心磨是将各步骤获得的较纯净的胚乳粒研磨成具有一定细度的面粉，并剔除麦皮。尾磨将渣磨、心磨等步骤送来的粘连麦皮的胚乳颗粒进行研磨，并送往相应的筛理系统进行分配，从中提出小麦粉，提高出粉率。

2. 筛理

小麦经研磨系统后，获得含有麦皮、麦渣、粗粉等颗粒大小及质量不一的混合物料，筛理的目的就是利用各种设备把物料混合物按照颗粒大小和密度进行分级，筛出小麦粉以提高制粉设备的效率。

3. 清粉

清粉的目的是分离麦皮、连麦皮胚乳和纯洁的粉粒，实现对麦渣、麦心的提纯，提高面粉质量，并可降低物料温度。清粉得到的纯洁粉粒进入心磨制粉。研磨、过筛和清粉这三个步骤会循环多次，根据所需产品粉粒、加工工艺而定。

五、常见小麦粉

（一）等级粉

等级粉又称特级小麦粉，适合制作一般食品，根据2023年实施的《小麦粉》（GB/T 1355—2021）的规定，原标准按加工精度把小麦粉分为"特制一等""特制二等""标准粉""普通粉"四个等级，新国标则以加工精度和灰分含量作为分类指标，分为"精制粉""标准粉""普通粉"三个类别，提高出粉率，节粮减损。

（二）专用粉

专用粉是针对不同面制食品的加工特性和品质要求而生产的专一用途的小麦粉，如面包专用粉、饼干专用粉、蛋糕专用粉、饺子专用粉等。

（三）高、中、低筋面粉

高筋面粉是指蛋白质含量一般在 11.5% 以上，平均可达到 13.5% 左右的面粉。高筋面粉颜色较深，本身较有活性且光滑，手抓不易成团状。

中筋面粉是指一般面粉，蛋白质含量介于高筋面粉和低筋面粉之间，在 11.5% 以下。中筋面粉适合制作中式面点，如面条、馒头、饺子等。

低筋面粉是指蛋白质含量在 9.5% 以下的面粉，通常用来做蛋糕、饼干、小西饼点心、酥皮类点心等。

（四）全麦面粉

全麦面粉是小麦经清理后，保有与原来整粒小麦相同比例之胚乳、麸皮及胚芽等成分的产品。全麦面粉营养丰富，富含维生素、矿物质、膳食纤维等营养素。全麦面粉中含有粉碎的麸皮，口感较一般面粉粗糙，麦香味较为浓郁，可用于制作全麦馒头、全麦面包、全麦饼干等。

六、小麦加工副产品综合利用

小麦是我国第二大粮食作物，在小麦制粉过程中所产生的麦麸、小麦胚芽、次粉等副产品，具有很高的价值和较多的用途。综合开发利用小麦加工副产品，可提高经济效益，促进农副产品增值。

（一）麦麸

麦麸是小麦加工中的主要副产品，富含蛋白质、矿物质、膳食纤维和维生素等，具有较高的营养价值。麦麸作为保健食品的原料越来越受到人们的重视和欢迎，具有调节血糖、降低血脂、抗氧化、促进肠道蠕动等作用，如添加麦麸的饼干、面包、馒头等面制食品，提取麦麸纤维制作成的胶囊、口服液等。另外，麦麸可用作饲料、酿醋、菌菇基料，具有成本低、便于加工的优点。

（二）小麦胚芽

胚芽是小麦的核心和生命，占麦粒总质量很小，但营养物质约占整个麦粒的 96%，呈金黄色颗粒状，富含蛋白质、矿物质、脂肪、维生素 E 和 B 族维生素等，具有软化血管、延缓衰老、提高机体免疫力等功效。小麦胚芽是制作食品的优质原料，可提炼小麦胚芽油，制作麦胚片、麦胚豆奶、麦胚饼干、麦胚面包等。

（三）次粉

次粉是小麦制粉后获得的副产品，主要由糊粉层、麦麸屑和部分小麦胚乳组成，具有多种用途，可制作食品、饲料、护肤品等。胚乳含量较高的次粉可进一步加工制作面筋和淀粉，制作醋、酒，用于培养食用菌。

表 4.2-1　小麦加工副产品主要用途

名称	主要用途
麦麸	制作面制食品、保健食品、饲料、酿醋、菌菇基料等
小麦胚芽	提炼小麦胚芽油、制作食品
次粉	制作食品和饲料

七、面制食品

面制食品是以面粉为主要原料制作而成的食物。我国面制食品种类繁多、风味各异，如面条、馒头、水饺、糕点等，制作方法主要有蒸煮、烘烤、煎炸等。随着工艺的升级，与传统面食相融合，营养、美味的面制方便食品种类越来越丰富，如速冻面食、方便拉面、方便面皮、麦脆片等，受到消费者的青睐。

表 4.2-2　常见面制食品

名称	食品
传统面制食品	面条、馒头、水饺、包子、糕点等
新型面制食品	速冻面食、方便面食、休闲食品等

思考题

一、单选题

1.（　　）是小麦的核心和生命，植物称为胚，相当于动物的胎盘。

A. 糊粉层　　　　B. 皮层　　　　C. 胚乳　　　　D. 胚芽

2. 低筋面粉是指蛋白质含量在（　　）%以下的面粉。

A. 13.5　　　　B. 11.5　　　　C. 10.5　　　　D. 9.5

3. 在面制食品加工中，要求面粉蛋白质含量高且筋力强的产品是（　　）。

A. 酥性饼干　　　B. 蛋糕　　　　C. 月饼　　　　D. 面包

4. 白皮小麦呈白色、黄白色或乳白色，皮（　　），胚乳含量较（　　），出粉率较（　　）。

A. 厚；低；低　　B. 厚；低；高　　C. 薄；高；高　　D. 薄；低；高

5. 下列选项中属于蒸煮类面制食品的是（　　）。

A. 蛋糕　　　　B. 面包　　　　C. 饼干　　　　D. 馒头

二、简述题

1. 请简述小麦制粉的加工流程。

2. 小麦粉加工主要有哪些副产品？用途是什么？

知识拓展

面粉的储存

面粉储存不当，易生虫、发霉、吸潮结块。面粉打开包装后要注意封口，防止吸潮或吸收异味，贮存在阴凉、干燥、通风、环境洁净处，理想湿度为 60%～70%，理想温度为 18～24 摄氏度，以防变质，家庭用面粉最好用面粉桶（箱）贮存，定期观察，并及时食用。面粉贮存时要离墙离地，距离地面和墙壁要有 10 厘米以上的距离，减少受潮及虫鼠的污染。

模块五　畜产品产业化生产

项目一　肉类干制品产业化生产

学习目标

1. 了解肉类干制品的概念；

2. 了解肉品干制的基本原理；

3. 熟悉各种影响肉品干制的因素；

4. 掌握肉干、肉松和肉脯的加工工艺；

5. 能够解释肉制品干制过程中所发生的各种物理、化学变化；

6. 能够针对不同的干肉制品，选择合适的干制方法，并熟练掌握三大干肉制品加工工艺流程及操作要点。

阅读资料

牛肉干发展现状

近年来，我国牛生产总体保持增长态势，规模化程度不断提高，生产水平逐步提升。但肉牛产业基础差、生产周期长、养殖方式落后，生产发展不能满足消费快速增长的需要，使得供给面临一定压力。尤其是 2020 年，养牛户因还贷原因造成恐慌性抛售，牛存栏量出现下降。

出栏量方面，2020 年期间保持小幅稳定增长。2020 年我国牛出栏量为 0.46 亿头。到 2021 年一季度我国牛出栏量为 0.11 亿头。随着牛出栏量的不断增加，我国牛肉产量也在不断增多。数据显示，2021 年上半年我国牛肉产量 291 万吨，同比增长 4.5%。

在牛肉产量不断增长的同时，我国牛肉干市场需求量日益增加，从而使得我国牛肉干产量呈现增长态势。

目前，我国牛肉干市场已经有棒棒娃、张飞牛肉、牛头牌食品、老四川、科尔沁、广发草原、罕山、良品铺子、百草味、冠云等一批知名品牌。

虽然我国对牛肉干的需求量呈增长态势，但还是远远没有达标，而且在肉干类市场中还没有十分明显的优势。目前我国人均牛肉消费量只有世界平均水平的51%，与欧美发达国家的消费水平差距较大。预计随着经济的发展和消费水平的提高，消费者对休闲食品数量和品质的需求将不断增长，而作为其细分领域，牛肉干市场也将得到发展。

一、肉类干制品的概念及分类

肉类干制品是指将原料肉先经熟制加工，再成型、干燥或先成型再经熟加工制成的在常温下易于保存的干熟肉类制品。肉类干制品可直接食用，成品有片状、条状、粒状、团粒状和絮状。干肉制品主要包括肉干、肉脯和肉松三大类。

二、肉制品的干制原理和方法

肉制品的干制原理主要是除去原料中微生物生长、发育及酶发挥活性所必需的水分，防止食品变质，从而使其长期保存。干制既是一种手段，又是一种加工方法。提高干肉制品保藏期的其他辅助措施：一方面要进行适当的处理，减少制品中各类微生物的数量；另一方面干制后要采用合适的包装材料和包装方法，防潮防污染，防止微生物生长和繁殖。

肉制品的干制方法主要包括常压干燥、减压干燥、微波干燥三种。

常压干燥包括恒速干燥（肉块内水分扩散速率大于表面蒸发速率）和降速干燥两个阶段。在干燥初期，水分含量高，可适当提高干燥温度。随着水分减少应及时降低干燥温度。在完成恒速干燥阶段后，采用回潮后再干燥的工艺效果良好。常压干燥速度的影响因素主要有温度、湿度、通风量、肉块的大小、摊铺厚度等。常压干燥时温度较高，常导致成品品质变劣、挥发性芳香成分遗失等缺陷，但干燥肉制品特有的风味也在此过程中形成。

减压干燥有真空干燥和冷冻干燥两种。真空干燥方式：真空度为533～6 666帕，干燥中品温在常温至70摄氏度以下。与常压干燥相比较，真空干燥时间短，表面硬化现象小。缺点是芳香成分易遗失。冷冻干燥方式：干燥后的肉块组织为多孔质，能迅速吸水复原，是方便面等速食食品的理想辅料的干燥方法。在保藏过程中也非常容易吸水，且其多孔质与空气接触面积增大，在贮藏期间易被氧化变质。

微波干燥借助蒸汽、电热、红外线来烘干肉制品，节能高效，加热均匀，表面不易焦煳。其干燥原理：微波是波长为厘米段的电磁波，微波发生器产生电磁波，形成带有正负极的电场。

食品中有大量的带正负电的分子（水、盐、糖），在微波形成的电场作用下，带负电荷的分子向电场的正极运动，带正电荷的分子向电场的负极运动。由于微波形成的电场的频率变化很大（300～3 000 兆赫），且呈波浪形变化，使极性分子随着电场的方向变化以极高频率振动而产生摩擦热，使被干燥的食品内、外部同时升温，达到干燥的目的。但微波干燥的缺陷是设备投资费用较高，干肉制品的特征性风味和色泽不明显。

三、肉在干制过程中的变化

肉在干制过程中的变化主要包括以下几种：

物理变化：质量减少，体积缩小，颜色加深。

化学变化：蛋白质变性凝固，产品复水性降低；脂肪氧化和水解，色泽变黄，游离脂肪酸增加；硫胺素损失较多。

组织结构变化：尤其是热风对流干燥的产品，不仅质地坚韧、难以咀嚼，复水后也很难回复原来的新鲜状态。造成质地变硬及复水困难的原因主要是蛋白质的变性和产品微观结构以及肌纤维空间排列变得紧密，纤维不易被分开和切断，结合水的能力下降等。但冷冻升华干燥加工的产品，复水后组织的特性接近于新鲜状态。

四、产业化肉干加工

肉干是指瘦肉经预煮、切分（片、条、丁）、调味、浸煮、收汤、干燥等工艺制成的干熟肉制品。

（一）肉干制品的加工工艺

1. 传统工艺流程

原料预处理→初煮→切坯→复煮、收汁→脱水→冷却、包装。

2. 传统工艺操作要点

①原料预处理：原料肉去除皮、骨、筋腱、脂肪和肌膜，清洗表面血污。

②初煮：为了去除异味、血水，初煮时一般只加1%～2%的鲜姜，不加其他调料。初煮时水温保持在90摄氏度以上，并及时撇去汤面污物。初煮时间1时左右。

③切坯：切成片、条、丁等形状，要大小均匀。

④复煮、收汁：复煮是将切好的肉坯放在配制好的汤料中再煮制，其目的是进一步熟化和入味。

⑤脱水：肉干常规的脱水方法有三种。

烘烤法：将收汁后的肉坯铺在竹筛或铁丝网上，放置于三用炉或远红外烘箱烘烤。烘烤温度前期可控制在80～90摄氏度，后期可控制在50摄氏度左右，一般5～6时可使含水量下降到20%以下。炒干法：铁锅干炒。油炸法：用2/3的辅料与肉条拌匀，腌制10～20分后，投入135～150摄氏度的菜油锅中油炸。炸到肉块呈微黄色后，捞出并滤净油，再将酒、白糖、味精和剩余的1/3辅料混入拌匀即可。

⑥冷却、包装：用 PET/AL/PE，PET/PE，NY/PE 等膜包装。

此外，肉干生产工艺不断进行调整。

新工艺流程：原料肉修整→切块→腌制→蒸熟→切条→脱水→包装。

参考配方：原料肉 100 千克、食盐 3 千克、蔗糖 2 千克、酱油 2 千克、黄酒 1.5 千克、味精 0.2 千克、抗坏血酸钠 0.05 千克、姜汁 1 千克、五香浸出液 9 千克。

新工艺操作：前期处理同传统肉干。加入辅料，在 4～8 摄氏度条件下腌制 48～56 时。在 100 摄氏度蒸汽下加热 40～60 分至中心温度达到 80～85 摄氏度，再冷却到室温并切成 3 毫米厚的肉条。在 85～95 摄氏度条件下脱水至肉表面呈褐色，含水量低于 20%，成品的水分活度低于 0.79。最后进行真空包装，成品无须冷藏。

（二）肉脯制品的加工工艺

肉脯是指瘦肉经切片、调味、腌制、摊筛、烘烤等工艺加工而成的薄片型干熟肉制品。

1. 传统工艺流程

原料预处理→冷冻→切片→解冻、拌肉、腌制→摊筛→烘烤→烧烤→压平、成型、包装。

2. 传统工艺操作要点

①原料预处理：传统工艺一般选用猪或牛肉。新鲜合格后腿肉，去脂肪、结缔组织、淤血等，顺肌纤维切成 1 千克左右肉块。外形规则，无碎肉淤血。

②冷冻：将切割整齐的肉块移入 -10～20 摄氏度的冷库中速冻，以便于切片。冷冻时间以肉块深层温度达 -5～-3 摄氏度为宜。

③切片：用切片机或手工切片。切片厚度一般控制在 1～3 毫米。国外最薄的肉脯只有 0.05～0.08 毫米，一般在 0.2 毫米左右。

④解冻、拌肉、腌制：将粉状辅料与肉片拌匀，在不超过 10 摄氏度的冷库中腌制 2 时左右。一方面入味，另一方面是使肉中盐溶性蛋白尽量溶出，便于在摊筛时使肉片粘连。

⑤摊筛：将腌制后的肉片平摊在筛网上。

⑥烘烤：促进发色、脱水熟化。烘烤温度控制在 55～75 摄氏度，前期烘烤温度可稍高，肉片厚度为 2～3 毫米，烘烤时间为 2～3 时。

⑦烧烤：烧烤时可把半成品放在远红外烘炉的转动铁网上，用 200 摄氏度左右温度烧烤 1～2 分至表面油润、色泽深红为止。成品中含水量小于 20%，一般为 13%～16%，目的是进一步熟化，使肉质地柔软、产生烧烤味、外观油润。

⑧压平、成型、包装：按规格要求切成一定形状。

用传统工艺加工肉脯时，存在着切片、摊筛困难，难以利用小块肉和小畜禽及鱼肉，无法进行机械化生产。因此提出了肉脯生产新工艺并在生产实践中应用。

新工艺流程：原料肉处理→配料→斩拌→腌制→抹片→表面处理→烘烤→烧烤→压平→成型→包装。

新工艺操作：将原料肉经预处理后，与辅料入斩拌机斩成肉糜，并置于 10 摄氏度以下条件下腌制 1.5～2.0 时。竹筛表面涂油后，将腌制好的肉糜涂摊于竹筛上，厚度以 1.5～2.0 毫米为宜，在 70～75 摄氏度条件下烘烤 2 时或 120～150 摄氏度条件下烧烤 2～5 分，压平后按要求切片、包装。在烘烤前用 50% 的全鸡蛋液涂抹肉脯表面效果更好。

（三）肉松制品的加工工艺

按加工工艺和产品形态，肉松可分为肉绒（太仓肉松）和油松（福建肉松）。

1. 传统工艺流程

原料肉的选择与整理→配料→煮制→炒压（打坯）→炒松→擦松→跳松→拣松→包装贮藏。

2. 传统工艺操作要点

①原料肉的选择与整理：将修整好的原料肉切成 1.0～1.5 千克的肉块。切块时尽可能避免切断肌纤维，以免成品中短绒过多。

②配料。

③煮制：煮制的时间和加水量应根据肉质老嫩决定。煮肉时间一般为 2～3 时。

④炒压（打坯）：肉块煮烂后，改用中火，加入酱油、酒，一边炒一边压碎肉块。然后加入白砂糖、味精，减小火力，收干肉汤，并用小火炒压肉丝至肌纤维松散即可进行炒松。

⑤炒松：炒松有人工炒和机炒两种。在实际生产中可人工炒和机炒结合使用至水分含量小于 20%。

⑥擦松：可利用滚筒式擦松机擦松，使肌纤维呈绒丝松软状态即可。

⑦跳松：利用机器跳动，使肉松从跳松机上面跳出，肉粒则从下面落出，使肉松与肉粒分离。

⑧拣松：将肉松中的焦块、肉块、粉粒等拣出，提高成品质量。

⑨包装贮藏：短期贮藏可选用复合膜包装，贮藏 3 个月左右；长期贮藏多选用玻璃瓶或马口铁罐，可贮藏 6 个月左右。

3. 肉松加工工艺

工艺流程：原料肉处理→初煮、精煮（不收汁）→烘烤→擦松→炒松→成品。

工艺操作及质量控制如下：

①煮烧时间：初煮 2 时，精煮 1.5 时，保证成品色泽金黄，味浓松长，且碎

松少。

②烘烤温度和时间及脱水率：精煮后肉松坯的脱水在红外线烘箱中进行。精煮后的肉松坯在 70 摄氏度条件下烘烤 90 分。

③炒松：鸡肉经初煮和复煮后脱水率为 25% ~ 30%，烘烤脱水率 50% 左右，肉松含水量要求在 20% 以下。

4. 肉松加工新工艺

①用回转式烘干机进行预干打松。原料肉收汁后在回转式烘干机中进行预干打松。采用烘干和回温交替进行，间隔 40 分。吹入的热空气温度为 70 摄氏度，回温温度为 35 摄氏度。

②用回转式蒸汽加热烘干机进行成品烘干。在 150 摄氏度条件下烘干 7 分所产生的颜色和质地最佳。

5. 油松加工工艺

油松外观呈团粒状、粉状。油松包括油酥肉松和肉粉松两种。油酥肉松是瘦肉经煮制、撇油、调味、收汤、炒松后，将谷物粉用一定量的食用动物油或植物油炒好，再与炒好的肉松半成品混合后炒制，制成团粒状的肉制品。福建肉松属于这类肉松。

油酥肉松加工方法如下：

①原料修整：将选好的猪后腿精肉切成 60 毫米长，宽、厚各 30 毫米的肉块。

②配料。

③烧煮：加入与肉等量的水将肉煮烂，撇净浮油，最后加入无色酱油、白糖和红糖混匀。

④炒松：肌肉纤维松散后，再改用小火炒成半成品。

⑤油酥：将半成品用小火继续炒至 80% 的肉纤维呈酥脆粉状时，用筛除去小颗粒，再按比例加入溶化猪油，用铁铲翻拌使其结成球形颗粒即为成品。猪油的加入量，冬季稍多，夏季酌减，一般占肉松重的 40% ~ 60%。成品率一般为 32% ~ 35%。

⑥包装、保藏：真空马口铁罐装可保存 1 年，普通罐装可保存半年。听装要热装后抽真空密封。塑料袋装保藏期 3 ~ 6 个月。

肉粉松是将瘦肉经煮制、撇油、调味、收汤、炒松后，将谷物粉用一定量的食用动物油或植物油炒好，再与炒好的肉松半成品混合后炒制，制成团粒状、粉状肉制品。油酥肉松与肉粉松的主要区别在于肉粉松添加较多的谷物粉。但是肉粉松中的谷物粉含量不得超过成品重的 20%。

思考题

一、判断题（对的打"√"，错的打"×"）

1. 干肉制品是指瘦肉经熟制，再成型干燥或先成型再经热加工制成的干熟类肉制品，包括肉松、肉干和肉脯。（   ）

2. 肉脯加工烤制时温度过高，呈黑焦状的肉片（焦片），还有经烤制未熟的肉片（生片），都判为不合格产品。（   ）

3. 肉干制品的加工主要目的是贮藏。（   ）

4. 肉的食用品质主要包括肉的颜色、风味、保水性、嫩度等。（   ）

5. 把制品放在封闭的烤炉中进行烤制称为暗烤。（   ）

6. 在肉松修整过程中，结缔组织的剔除一定要彻底，否则加热过程中胶原蛋白水解后，导致成品黏结成团块。（   ）

7. 煮沸后无须撇去油沫，但煮制结束后起锅前须将油筋和浮油撇净。（   ）

8. 常压干燥过程包括恒速干燥和减速干燥两个阶段。（   ）

9. 初煮的目的是通过煮制进一步紧出血水，并使肉块变硬以便切坯。（   ）

10. 肉脯加工中腌制的目的一是入味，二是使肉中盐溶性蛋白质尽量溶出，便于在摊筛时使肉片之间粘连。（   ）

二、单选题

1. 肉类的干制品常见的有肉脯、肉松和（   ）。

A. 肉干　　　　　　　B. 肉糜　　　　　　　C. 肉酱　　　　　　　D. 肉糕

2. 肉及其制品的水分含量与其中微生物的生长发育有关，国家标准中规定肉干、肉松制品中水分的质量分数应小于（   ）。

A. 80%　　　　　　　B. 60%　　　　　　　C. 40%　　　　　　　D. 20%

3. 肉松属于（   ）。

A. 腌腊制品　　　　　B. 脱水制品　　　　　C. 熏烤制品　　　　　D. 酱卤制品

4. 水分是肉中含量最多的成分，在肌肉中的水分含量是（   ）。

A. 10%　　　　　　　B. 15%　　　　　　　C. 60%　　　　　　　D. 70%

5. 肉松加工时，在整形过程中不需要除去的是（   ）。

A. 骨头、软骨组织　　B. 肥膘　　　　　　　C. 瘦肉组织　　　　　D. 结缔组织

6. 将食品中的一部分水排除的过程称为（   ）。

A. 烘烤　　　　　　　B. 油炸　　　　　　　C. 烟熏　　　　　　　D. 干燥

7. 下面关于肉松初煮过程中，煮制火候的叙述正确的是（   ）。

A. 用旺火蒸煮时需不断调整火力　　　　B. 一直用文火蒸煮

C. 蒸煮时间越短越好   D. 蒸煮时间应足够长

8. 炒松时，肉松的颜色由灰色变为哪种颜色时，炒松可以停止（　　）。

A. 黑色   B. 棕色   C. 金黄色   D. 绿色

9. 将原料肉经机械作用由大变小的过程称为（　　）。

A. 粉碎、切割或斩拌   B. 混合

C. 乳化   D. 腌制

10. 利用油脂的沸点远高于水的沸点的原理对肉食品进行热加工处理的过程称为（　　）。

A. 烘烤   B. 干燥   C. 烟熏   D. 油炸

项目二 酱卤制品产业化生产

学习目标

1. 了解酱卤制品的种类、特点及肉在煮制过程中的变化；

2. 熟悉并掌握酱卤制品调味与煮制方法；

3. 掌握卤汁的调制方法；

4. 掌握典型酱卤制品的加工工艺；

5. 能进行酱卤制品加工中的调味、制卤与煮制，并能根据加工工艺进行酱卤制品的加工生产与质量控制。

阅读资料

酱卤制品产业化开发前景

目前，全国每天酱卤肉制品的消费量在1.5万吨左右，这么大的消费量，仅由作坊式的酱卤店供应市场很难保证品质与消费量的需求。随着政府对食品卫生监督的强化，部分小企业和小作坊将会由于无法达到国家卫生标准而被迫退出市场，大规模的并购和整合将逐步出现，规模化生产将替代小作坊生产，无序的市场竞争局面将得到一定程度的改善，逐渐向规模化、现代化、标准化、品牌化、产供销一体化方向迈进。

为满足人们对酱卤制品营养上的追求，需要开发研究低脂低能的酱卤肉制品、低钠盐酱卤肉制品、低硝盐酱卤肉制品等功能性产品，使酱卤肉制品向安全卫生、方便营养、绿色、无污染及天然保健方向发展，从而使酱卤肉制品更好地满足消费者的需求。

此外，酱卤制品具有广阔的市场前景，但传统方法生产的酱卤肉制品煮制时间长、出品率低、产品货架期短、生产效率低。随着人们对酱卤制品需求的增加，必须对传统酱卤制品的加工工艺进行改造，提高产品出品率，延长货架期，使生产工艺科学化、生产设备现代化、生产管理规范化，实现工业化大批量生产。

一、酱卤制品产业化生产

酱卤肉制品是鲜（冻）畜禽肉和可食副产品放在加有食盐、酱油（或不加）、香辛料的水中，经预煮、浸泡、烧煮、酱制（卤制）等工艺加工而成的酱卤系列肉制品，其特点是产品口感酥软、风味浓郁。酱卤肉制品通过调味和煮制两个特有的工艺环节，可以制作出适合不同地区的多种口味。酱卤肉制品风味独特，深受消费者喜爱。

具体酱卤制品生产工艺流程图如下：

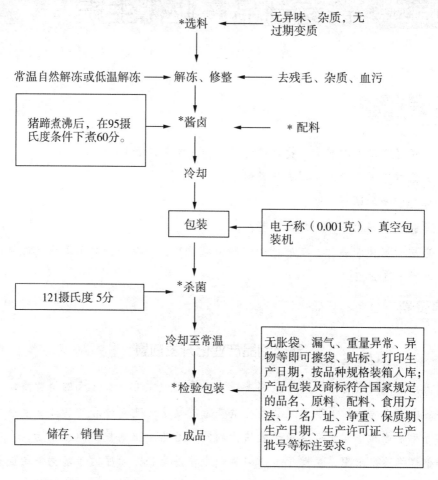

注："＊"表示关键控制点

①原材料验收：通过感官验收原材料。

②原材料储存：鲜肉原料在保鲜库中储存，冷冻肉原料在低温冷库中储存。

③解冻：冷冻的原材料在前处理车间水池里缓化12时。

④预煮：已缓化原材料焯水，目的是让原料表面的毛根出来。

⑤喷烤：用喷灯在原料的表面喷烤，目的是清除原料表面的毛根。

⑥清洗：喷烤过的原料用水清洗干净。

⑦修选：已清洗原材料用刀进行修选。

⑧成型：已修选的原料做型，例如鸡盘腿。

⑨腌制：在配料间配制料包，已做完型的原料用调料腌制6时。

⑩蒸煮熟制：各种产品煮制的时间都不相同，煮制前在夹层锅内放置料包。

⑪冷却：已熟制的产品在晾晒间晾晒 4 ～ 6 时，让其彻底冷却。

⑫检斤入库。

⑬检验。

⑭装袋（包装产品）：杀菌、冷却、检验；装箱、运输、销售。

二、酱卤制品的关键技术

酱卤制品是我国传统烹调技术发展的产物，其生产关键在于调味、制卤和煮制（酱制）三个方面。

（一）调味

调味就是根据不同品种、不同口味加入不同种类或数量的调味料，加工成具有特定风味的产品。调味的作用主要有，形成不同的口味，满足不同人群的需要；弥补原料肉的某些缺陷；增加花色品种等。另外，根据加入调味料的作用和时间，调味大致可分为基本调味、定性调味、辅助调味 3 种。

（二）制卤

1. 卤汁的调制

加工酱卤制品的一个关键技术是卤汁的调制，卤汁又叫原卤、老卤。卤制成品质量好坏，卤汁起着很重要的作用。卤汁的优劣主要看是否"和味"。

（1）红卤的调制

调制红卤的主要调味料是酱油、盐、冰糖（或砂糖）、黄酒、葱、姜等；主要香辛料是八角、桂皮、丁香、花椒、小茴香、山奈、草果等。

（2）白卤的调制

白卤的调制与红卤基本相同，不同的是白卤以盐来替代酱油或糖色、红曲米等有色调料，以盐定味定色。

2. 酱汁的调制

沸水 2 000 克，酱油 400 克（或面酱 500 克），花椒、八角、桂皮等各 50 克，或添加糖 10 ～ 50 克，有时还用红曲米或糖色增色。为了形成一些独特的风味，往往还添加一些香料，如陈皮、甘草、丁香、小茴香、豆蔻、砂仁等。

3. 卤汁的贮藏

卤汁用的次数越多，卤出的制品风味越好，这是因为卤汁内所含的可溶性蛋白质等鲜味物质越来越多。制好的卤汁要贮藏起来，供以后继续使用。

（三）煮制

煮制是酱卤制品加工中主要的工艺环节，其对原料肉实行热加工的过程中，肌肉收缩变形，降低肉的硬度，改变肉的色泽，提高肉的风味，达到熟制的目的。加热的方式有水加热、蒸汽加热、油加热等，通常采用水加热煮制。

1. 煮制的作用

煮制对产品的色、香、味、形及成品化学性质都有显著的影响。煮制使肉黏着、凝固，具有固定制品形态的作用，使制品可以切成片状；煮制时原料肉与配料的相互作用，改善了产品的色、香、味；同时煮制也可杀死微生物和寄生虫，提高制品的贮藏稳定性。

2. 煮制的方法

（1）清煮和红烧

在酱卤制品加工中，除少数品种外，大多数品种的煮制过程可分为清煮和红烧两个阶段。

（2）宽汤和紧汤

在煮制过程中，肉中的部分营养物质会随肉汁流入汤水中。因此，煮制汤汁的多少直接影响到产品质量。根据煮制时加入的汤量，有宽汤和紧汤两种煮制方法。

（3）煮制火候

在煮制过程中，根据火焰的大小强弱和锅内汤汁情况，可分为大火、中火、小火三种。

3. 肉类在煮制过程中的变化

肉类在煮制过程中的变化有七个方面：

①肉在加热时重量减轻、肉质收缩变硬或软化。

②肌肉蛋白质的热变性。肉在加热煮制过程中，肌肉蛋白质发生热变性而凝固，引起肉汁分离、体积缩小、变硬。

③脂肪的变化。加热时脂肪溶化，包围脂肪的结缔组织受热收缩，脂肪细胞受到较大的压力，细胞膜破裂，脂肪溶化流出。随着脂肪的溶化，释放出某些与脂肪相关联的挥发性化合物，这些物质给肉和汤增加了香气。

④结缔组织的变化。结缔组织在加热中的变化，对加工制品的形状、韧性等有重要的意义。肌肉中结缔组织含量多、肉质坚韧，但在70摄氏度以上水中长时间煮制，结缔组织多的反而比结缔组织少的肉质柔嫩，结缔组织受热软化的程度对肉的柔软度起着主导作用。

⑤风味的变化。生肉的风味是很弱的，但是加热之后，不同种类动物的肉产生很强的特有风味，通常认为是由于加热导致肉中的水溶性成分和脂肪的变化造成的。

⑥浸出物的变化。在煮制时浸出物的成分是复杂的，其中主要是含氮浸出物，包括游离的氨基酸、尿素、肽的衍生物等。

⑦颜色的变化。当肉温在60摄氏度以下时，肉色几乎不发生明显变化；65～70摄氏度时，肉变成桃红色，再提高温度则变为淡红色；在75摄氏度以上时，则完全变为褐色。

三、酱卤制品的生产

（一）酱卤制品种类

酱卤制品包括白煮肉类、酱卤肉类、糟肉类三大类。

1. 白煮肉类及特点

白煮也叫白烧、白切。白煮肉类可以认为是酱卤肉类未经酱制或卤制的一个特例，是肉经（或不经）腌制，在水（盐水）中煮制而成的熟肉类制品。一般在食用时再调味，产品最大限度地保持原料肉固有的色泽和风味。其特点是制作简单，仅用少量食盐，基本不加其他配料；基本保持原形原色及原料本身的鲜美味道；外表洁白，皮肉酥润，肥而不腻。白煮肉类以冷食为主，吃时切成薄片，蘸以少量酱油、芝麻油、香醋、葱花、姜丝等。其代表品种有白切肉、白斩鸡、白切猪肚、盐水鸭等。

2. 酱卤肉类及特点

酱卤肉类是在水中加入食盐或酱油等调味料和香辛料一起煮制而成的熟肉制品，是酱卤制品中品种最多的一类制品，其特点是色泽鲜艳、风味各异。主要制作工艺大同小异，只是在具体操作方法和配料量上有所不同。根据这些特点，酱卤肉类可划分为四种：酱制品（亦称红烧或五香制品）、蜜汁制品、糖醋制品、卤制品。

3. 糟肉类及特点

糟肉类是用酒糟或陈年香糟代替酱汁或卤汁制作的一类产品。它是肉经白煮后，再用香糟糟制的冷食熟肉类制品。其特点是制品胶冻白净、清凉鲜嫩，保持原料固有的色泽和曲酒香味，风味独特。但糟制品由于需要冷藏保存，食用时又需添加冻汁，故较难保存，携带不便，因此受到一定的限制。我国著名的糟肉类有糟肉、糟鸡、糟鹅等。

（二）酱卤制品生产

1. 镇江肴肉

镇江肴肉是江苏镇江的著名传统食品，历史悠久，全国闻名。肴肉肉红皮白、光滑晶莹，卤冻透明，犹如水晶，故有"水晶肴蹄"之称，具有香、酥、鲜、嫩四大特点。瘦肉香酥，肥肉不腻，切片成形，结构细密，食时佐以姜丝和镇江香醋，更是别有风味。

（1）参考配方

猪蹄髈 100 只、绍酒 250 克、大料 125 克、姜片 250 克、葱段 250 克、粗盐 13.5 千克、花椒 125 克，以上为平均数，视猪蹄大小和季节不同，酌量增减。

（2）工艺流程

原料选择与整形→腌制→漂洗→煮制→压蹄→成品。

2. 南京盐水鸭

南京盐水鸭加工制作不受时间限制，一年四季皆可生产，产品严格按"炒盐腌、清卤复、烘得干、煮得足"的传统工艺制作而成。其特点是腌制期短，复卤期也短，现做现卖。盐水鸭表皮洁白，鸭肉鲜嫩，入口香醇味美，肥而不腻，咸度适中，具有香、酥、嫩的特点。

（1）参考配方

干腌：光鸭 100 千克、食盐 2.8 千克、大茴香 150 克、花椒 100 克、香叶 100 克、五香粉 50 克。

（2）工艺流程

原料鸭的选择→宰杀→浸泡→晾干→冲烫或烘烤→煮制→出锅→成品。

3. 白斩鸡

白斩鸡是我国传统名肴，成品皮呈金黄，肉似白玉，骨中带红，皮脆肉滑，细嫩鲜美，肥而不腻。特别是在广东、广西，是很受欢迎的菜肴。

（1）参考配方

鸡 10 只，原汁酱油 400 克，鲜砂姜 100 克，葱头 150 克，味精 20 克，香菜、麻油适量。

（2）工艺流程

原料选择→宰杀、整形→煮制→成品。

4. 苏州酱汁肉

苏州酱汁肉酥润浓郁，皮糯肉烂，色泽鲜艳，入口即化，肥而不腻。

（1）参考配方

肋条肉 50 千克、绍酒 2~3 千克、白砂糖 2.5 千克、食盐 1.50~1.75 千克、红曲米（粉末）600 克、桂皮 100 克、大茴香 100 克、葱 500 克、生姜 100 克。

（2）工艺流程

原料肉的整理→煮制→酱制→制卤→成品。

5. 北京酱猪肉

（1）参考配方

猪肉 100 千克、食盐 2.6 千克、白砂糖 0.2 千克、八角 0.2 千克、桂皮 0.3 千克、小茴香 0.1 千克、鲜姜 0.5 千克、大葱 1.0 千克。

（2）工艺流程

原料选择与整理→配料选择→焯水→备清汤→码锅→酱制→出锅→冷却→成品。

6. 北京月盛斋酱牛肉

月盛斋酱牛肉也称五香酱牛肉，是北京著名产品。产品特点是外表深棕色，食之嫩而爽口，咸淡适宜，香浓味纯。

（1）参考配方

牛肉 100 千克，食盐 2.2 千克，面酱 10 千克，花椒、小茴香、肉桂各 100 克，丁香、砂仁各 20 克，葱、大蒜、鲜姜各 1 千克。

（2）工艺流程

原料选择与整理→调酱→煮制→出锅→冷却→成品。

7. 道口烧鸡

道口烧鸡是河南传统的地方特产，历史悠久。其特点是造型美观，皮色鲜艳，香味四溢，熟烂适中，用手一掰，骨肉分离，用牙一咬，肉茬整齐；五香酥软，肥而不腻，骨酥可嚼。要诀：若要烧鸡香，八料加老汤。

（1）参考配方

鸡 100 千克、砂仁 15 克、豆蔻 15 克、丁香 3 克、草果 30 克、肉桂 90 克、良姜 90 克、陈皮 30 克、白芷 90 克、食盐 2~3 千克、饴糖 1 千克、味精 300 克、葱 500 克、生姜 500 克。

（2）工艺流程

原料鸡的选择→屠宰煺毛→去内脏→漂洗→腌浸→整形→油炸→煮制→成品。

8. 德州扒鸡

德州扒鸡又称德州五香脱骨扒鸡，是山东德州的传统风味特产。由于制作时扒鸡慢焖至烂熟，出锅一抖即可脱骨，但肌肉仍是块状，故名"扒鸡"。产品色泽金黄，肉质粉白，皮透微红，鲜嫩如丝，油而不腻，熟烂异常。

（1）参考配方

白条鸡 200 只、食盐 3.5 千克、酱油 4 千克、白砂糖 0.5 千克、小茴香 50 克、砂仁 10 克、肉豆蔻 50 克、丁香 25 克、白芷 125 克、草果 25 克、山奈 75 克、桂皮 125 克、陈皮 50 克、八角 100 克、花椒 50 克、葱 500 克、姜 250 克。

（2）工艺流程

原料选择→宰杀、整形→上色和油炸→焖煮→出锅捞鸡→成品。

9. 广州卤猪肉

广州卤猪肉是广州人民喜爱的肉制品，其原料选择较随意，产品色、香、味、形俱全，常年可以制作。

（1）参考配方

猪肉 50 千克、食盐 0.9 千克、生抽 2.2 千克、白砂糖 1.2 千克、陈皮 400 克、甘草 400 克、桂皮 250 克、花椒 250 克、八角 250 克、丁香 25 克、草果 250 克。

（2）工艺流程

原料选择与整理→预煮→配卤汁→卤制→成品。

10. 卤猪杂

卤制品大多数以猪的内脏做原料，为佐酒上品。各种卤猪杂的加工方法基本相同，只有卤猪肝，由于质地鲜嫩，因而省去了清煮工序。

（1）参考配方

卤猪肝：原料 100 千克、食盐 1.3 千克、酱油 5~7 千克、白砂糖 6~8 千克、黄酒 7.6 千克、葱 2.5 千克、生姜 1.25 千克、大茴香 600 克、桂皮 600 克。

卤猪心、肚、肠：原料 100 千克、食盐 1.5 千克、酱油 6 千克、白砂糖 3 千克、黄酒 2.5 千克、大茴香 250 克、桂皮 130 克、生姜 250 克。

（2）工艺流程

选料与整理→清煮→卤制→成品。

11. 糟鹅

苏州糟鹅是江苏苏州著名的风味制品，以闻名全国的太湖白鹅为原料制作而成。糟肉制品须保持一定冷度，食用时须加冷冻汁并放在冰箱中保存，才能保持其鲜嫩、爽口的特色。

（1）参考配方

光鹅 50 千克、陈年香糟 1.25 千克、大曲酒 125 克、黄酒 1.5 千克、葱 750 克、姜 500 克、精盐 1 千克、白酱油 400 克、花椒 15 克。

（2）工艺流程

原料选择与宰杀→煮制→备糟→拌糟→糟制→成品。

12. 软包装五香猪蹄

（1）参考配方

以猪蹄 50 千克为例。

卤制配方：八角 130 克、桂皮 70 克、砂仁 30 克、姜粉 100 克、花椒 100 克、玉果 100 克、白芷 30 克、味精 70 克、食盐 2.4 千克、曲酒 0.5 千克。

上色配方：红曲红 10 克、烟熏香味料 26 克、曲酒 250 克、五香汁 50 克、焦糖 8 克。

（2）工艺流程

原料解冻→清洗整理→预煮→刮毛、劈半→卤制→上色→真空包装→高温杀菌→装箱、贴标。

13. 广式扣肉

广式扣肉是广东、广西等地群众非常喜爱的美味佳肴，也是酒席上的佳品，其风味独特。食用前，因把肉从碗扣到盘子里，因此称为扣肉。

（1）参考配方

猪肋条肉 50 千克，食盐 0.6 千克，白砂糖 1 千克，白酒 1.5 千克，酱油 2.5 千克，味精 0.3 千克，八角粉、花椒粉各 100 克，南乳 1.5 千克，水 4 千克。

（2）工艺流程

原料选择与整理→预煮→戳皮→上色、油炸→切片、蒸煮→成品。

14. 低温酱卤牛肉

传统五香牛肉煮制时间长、耗能多，产品出品率低。低温酱卤牛肉以成熟牛肉为原料，利用低温熟制、真空包装、二次杀菌综合栅栏技术和真空滚揉技术，在卤汤中加入 1% 的中草药，使制品柔嫩多汁、风味独特、软硬适中、营养保健、品质优良、出品率高。驴肉、羊肉、兔肉亦可参照此工艺生产。

工艺流程：原料选择与整理→注射腌制→卤煮→冷却→装袋→真空封口→蒸煮杀菌→冷却→成品。

15. 软包装糟卤牛肉

随着对酱卤制品传统加工技术的研究，以及先进工艺设备的应用，许多酱卤制品的传统工艺得以改进，成功转化为工厂化生产模式，向市场提供了许多新型酱卤产品，如软包装酱牛肉、烧鸡、五香猪蹄等。这类产品以卫生、安全、携带方便、耐贮藏等优点，深受消费者欢迎，具有巨大的市场潜力。

工艺流程：原料选择与处理→腌制滚揉→预煮→白卤→糟制→装袋→真空封口→杀菌→冷却→成品。

（三）酱卤制品的质量安全标准

酱卤制品质量安全标准须严格执行国家强制标准《熟肉制品卫生标准》（GB 2726 - 2005），同时积极采用国家推荐标准《酱卤肉制品》（GB/T 23586 - 2009）。

思考题

一、判断题（对的打"√"，错的打"×"）

1. 鸭爪宜整用，适用于酱、卤、煮、炖等。（　　）

2. 在肉制品生产中，硝酸盐是发色剂，但是由于硝酸盐和亚硝酸盐在肉制品中可能生成致癌物质亚硝胺，有些国家已禁止使用。（　　）

3. 五香、红烧制品是酱制品中最广泛的品种，这类产品的特点是加工中使用较多的酱油或红曲色素，所以叫红烧。（　　）

4. 南京板鸭属于酱卤制品。

5. 酱卤制品煮制时以急火求韧，以慢火求烂，先急后慢求味美。（　　）

6. 酱猪肉煮制时，应先用大火烧开，加入绍兴酒和酱油后，改用小火焖煮，临出锅前半小时，加入白砂糖，当肉皮转为橘黄色时即成熟。（　　）

7. 制作卤制品时，可以让原料长时间浸渍在卤水内，时间越久越好。（　　）

8. 保存好老卤是保证卤制品特色的主要技术措施之一。（   ）

9. 广东叉烧肉属于酱卤制品。（   ）

10. 酱卤制品主要包括白煮肉类、酱卤肉类、糟肉类三大类。（   ）

二、单选题

1. 酱卤制品加工中的关键工序为（   ）。

A. 腌制和烤制　　　　B. 挂糖和油炸　　　　C. 造型和油炸　　　　D. 调味和煮制

2. 酱卤肉制品容易出现的质量安全问题是（   ）。

A. 食品添加剂超量、苯并（a）芘及微生物污染

B. 食品添加剂超量及微生物污染

C. 食品添加剂超量，产品氧化、酸败及污染

D. 重金属超标

3. 下列属于酱卤肉制品的是（   ）。

A. 火腿　　　　　　　B. 酱牛肉　　　　　　C. 板鸭　　　　　　　D. 烤肠

4. 换卤要在（   ）进行。

A. 凌晨　　　　　　　B. 清晨　　　　　　　C. 中午　　　　　　　D. 傍晚

5. 卤与酱的区别是（   ）。

A. 卤的原料大多经油炸或焯水，酱不需要炸

B. 卤的原料在卤前要腌制，酱不需要腌制

C. 卤的原料以卤透为准，酱的原料需留酱汤

D. 卤制品在卤前不要腌制，而酱制品大多需要腌制

6. 酱卤制品煮制过程中的火力，除个别品种外，一般都是（   ）。

A. 先旺火，后文火　　　　　　　　　　B. 先文火，后微火

C. 先文火，后旺火　　　　　　　　　　D. 先微火，后文火

7. 卤的特点为鲜香醇厚、五香气味扑鼻，（   ）制品油润红亮，白卤制品白洁清爽。

A. 黄卤　　　　　　　B. 糟卤　　　　　　　C. 酱卤　　　　　　　D. 红卤

8. 酱卤制品不包括（   ）。

A. 白煮肉类　　　　　B. 酱卤肉类　　　　　C. 糟肉类　　　　　　D. 咸肉类

9. 酱卤制品调味包括（   ）。

A. 基本调味和定性调味　　　　　　　　B. 基本调味和辅助调味

C. 定性调味和辅助调味　　　　　　　　D. 基本调味、定性调味和辅助调味

10. 酱卤制品根据加热的火候分为三类，不包括（   ）。

A. 旺火　　　　　　　B. 文火　　　　　　　C. 微火　　　　　　　D. 中火

项目三 腌腊制品产业化生产

学习目标

1. 了解腌制品的种类；
2. 熟悉腌制的原理和方法；
3. 熟悉常见的腌腊制品生产方法。

一、腌腊肉制品的种类

（一）腌腊肉制品的概念

腌腊肉制品是肉经腌制、酱渍、晾晒或烘烤等工艺制成的生肉制品，食用前需经熟制加工。

（二）腌腊肉制品的分类

腌腊肉制品包括咸肉、腊肉、酱封肉和风干肉等。

咸肉是预处理的原料肉经腌制加工而成的肉制品，如咸猪肉、板鸭等。腊肉是原料肉经腌制、烘烤或晾晒干燥成熟的肉制品，如腊猪肉。酱封肉是用甜酱或酱油腌制后加工而成的肉制品，如酱封猪肉等。风干肉是原料肉经预处理后晾挂干燥而成的肉制品，如风鹅和风鸡。

二、腌制的作用与原理

肉的腌制是肉品贮藏的一种传统手段，也是肉品生产常用的加工方法。肉的腌制通常是用食盐或以食盐为主并添加硝酸盐（或亚硝酸盐）、蔗糖和香辛料等辅料对原料肉进行浸渍。近年来，随着食品科学的发展，在腌制时常加入品质改良剂如磷酸盐、异抗坏血酸盐以提高肉的保水性，获得较高的成品率。同时，腌制的目的已从单纯的防腐保藏发展到主要为了改善风味和色泽，提高肉制品的质量，从而使腌制成为许多肉类制品加工过程中一个重要的工艺环节。

（一）腌制成分及其作用

肉类腌制使用的主要腌制辅料为食盐、硝酸盐（或亚硝酸盐）、糖、抗坏血酸盐、异抗坏血酸盐和磷酸盐等。

1. 食盐

食盐是肉类腌制最基本的成分，也是必不可少的腌制材料。食盐的作用为，第一，突出鲜味作用：肉制品中含有大量的蛋白质、脂肪等具有鲜味的成分，常常要在一定浓度的咸味下才能表现出来。第二，防腐作用：盐可以通过脱水作用和渗透压的作用，抑制微生物的生长，延长肉制品的保存期。第三，促使硝酸盐、亚硝酸盐、糖向肌肉深层渗透。然而，单独使用食盐，会使腌制的肉色泽发暗、质地发硬，并仅有咸味，影响产品的可接受性。

5%的氯化钠溶液能完全抑制厌氧菌的生长，10%的氯化钠溶液对大部分细菌有抑制作用，但一些嗜盐菌在15%的氯化钠溶液中仍能生长，某些种类的微生物甚至能够在饱和氯化钠溶液中生存。

肉的腌制宜在较低温度下进行，腌制室温度一般保持在2~4摄氏度，腌肉用的食盐、水和容器必须保持卫生状态，严防污染。

2. 糖

在腌制时常用的糖类有葡萄糖、蔗糖和果糖。糖类主要作用为，第一，调味作用：盐和糖有相反的滋味，在一定程度上可缓和腌肉咸味。第二，助色作用：还原糖（葡萄糖等）能吸收氧而防止肉脱色；糖为硝酸盐还原菌提供能量，使硝酸盐转变为亚硝酸盐，加速一氧化氮的形成，使发色效果更佳。第三，增加嫩度：糖可提高肉的保水性，增加出品率；糖也利于胶原膨润和松软，因而增加了肉的嫩度。第四，产生风味物质：糖和含硫氨基酸之间发生美拉德反应，增加肉的风味。第五，在需发酵成熟的肉制品中添加糖，有助于发酵的进行。

3. 硝酸盐和亚硝酸盐

在腌肉中少量使用硝酸盐已有几千年的历史。亚硝酸盐由硝酸盐生成，也用于腌肉生产。腌肉中使用亚硝酸盐主要有以下几方面作用：第一，抑制肉毒梭状芽孢杆菌的生长，并且具有抑制许多其他类型腐败菌生长的作用。第二，优良的呈色作用。第三，抗氧化作用，延缓腌肉腐败，这是由于它本身具有还原性。第四，有助于腌肉独特风味的产生，抑制蒸煮味产生。

亚硝酸盐是唯一能同时起到上述几种作用的物质，至今还没有发现有一种物质能完全取代它。对其替代物的研究仍是一个热点。

亚硝酸很容易与肉中蛋白质分解产物二甲胺作用，生成二甲基亚硝胺。亚硝酸很容易与肉中蛋白质分解产物二甲胺作用，生成二甲基亚硝胺。亚硝酸可以从各种腌肉制品中分离出来，这类物质具有致癌性，因此在腌肉制品中，硝酸盐的用量应尽可能降到最低限度，亚硝酸钠最大用量应不高于国家限定用量。根据《食品安全国家标准 食品添加剂使用标准》（GB 2760-2024）规定，在腌腊肉制品类和熟肉制品中亚硝酸钠最大使用量为 0.15 克/千克（以亚硝酸钠计）。美国农业部食品安全检查署（FSIS）仅允许在肉的干腌盐（如干腌火腿）或干香肠中使用硝酸盐，干腌肉最大使用量为 2.2 克/千克，干香肠为 1.7 克/千克，培根中使用亚硝酸盐不得超过 0.12 克/千克（与此同时须有 0.55 克/千克的抗坏血酸钠做助发色剂），成品中亚硝酸盐残留量不得超过 40 毫克/千克。

4. 碱性磷酸盐

在肉制品中使用磷酸盐的主要目的是提高肉的保水性，使肉在加工过程中仍能保持其水分，减少营养成分损失，同时也保持了肉的柔嫩性，增加了出品率。可用于肉制品的磷酸盐有三种：焦磷酸盐、三聚磷酸盐和六偏磷酸盐。磷酸盐提高肉保水性的作用机理有以下几点：

第一，提高肉的 pH 值的作用。焦磷酸盐和三聚磷酸盐呈碱性反应，加入肉中可提高肉的 pH 值，这一反应在低温下进行得较缓慢，但在烘烤和熏制时会急剧加快。

第二，对肉中金属离子有螯合作用。聚磷酸盐有与金属离子螯合的作用，加入聚磷酸盐后，原与肌肉的结构蛋白质结合的钙镁离子被聚磷酸盐螯合，肌肉蛋白中的羟基游离，由于羧基之间静电力的作用，蛋白质结构松弛，可以吸收更多的水分。

第三，增加肉的离子强度的作用。聚磷酸盐是具有多价阴离子的化合物，因而在较低的浓度下可以具有较高的离子强度。由于加入聚磷酸盐使肌肉的离子强度增加，有利于肌球蛋白的解离，因而提高了保水性。

第四，解离肌动球蛋白的作用。焦磷酸盐和三聚磷酸盐有解离肌肉蛋白质中肌动球蛋白为肌动蛋白和肌球蛋白的特异作用。而肌球蛋白的持水能力强，因而提高了肉的保水性。

5. 抗坏血酸盐和异抗坏血酸盐

在肉的腌制中使用抗坏血酸盐和异抗坏血酸盐主要有以下几个目的：

第一，抗坏血酸盐可以同亚硝酸发生化学反应，增加一氧化氮的形成，使发色过程加速。

$$2HNO_2 + C_6H_8O_6 \longrightarrow 2NO + 2H_2O + C_6H_6O_6 （脱水抗坏血酸）$$

如在法兰克福香肠加工中，使用抗坏血酸盐可使腌制时间减少 1/3。

第二，抗坏血酸盐有利于高铁肌红蛋白还原为亚铁肌红蛋白，因而加快了腌制的速度。

第三，抗坏血酸盐能起到抗氧化剂的作用，因而稳定腌肉的颜色和风味。

第四，在一定条件下抗坏血酸盐具有减少亚硝胺形成的作用，因而抗坏血酸盐被广泛应用于肉制品腌制中。已表明用 550 毫克/千克的抗坏血酸盐可以减少亚硝胺的形成。同时使用 120 毫克/千克的亚硝酸盐和 550 毫克/千克的抗坏血酸盐较为普遍。

6. 水

浸泡法腌制或盐水注射法腌制时，水可以作为一种腌制成分，使腌制配料分散到肉或肉制品中，补偿热加工（如烟熏、煮制）的水分损失，且使得制品柔软多汁。

7. 腌制的作用

通过腌制，能起到如下作用：

第一，发色作用。生成稳定的、玫瑰红色的一氧化氮肌红蛋白（一氧化氮血红蛋白）。

第二，防腐作用。抑制肉毒梭状芽孢杆菌及其他腐败微生物的生长。

第三，赋予肉制品一定的香味。产生风味物质，抑制蒸煮味产生。

第四，改善产品组织结构，提高保油性和保水性，提高出品率，使产品具有良好的弹性、脆性、切片性。

（二）腌制的原理

1. 呈色

新鲜的肉类颜色是鲜红色的，是由肌红蛋白（Mb）及血红蛋白（Hb）所呈现的一种感官性状。肉在腌制时会加速肌红蛋白和血红蛋白的氧化，形成高铁肌红蛋白（Met-Mb）和高铁血红蛋白（Met-Hb），使肌肉丧失天然色泽，变成带紫色调的浅灰色。而加入硝酸盐（或亚硝酸盐）后，肌肉中色素蛋白和亚硝酸盐发生化学反应，形成鲜艳的亚硝基肌红蛋白（NO-Mb），且在以后的热加工中又会形成稳定的粉红色。亚硝基肌红蛋白是构成腌肉颜色的主要成分。肥肉经过腌制成熟后，常呈现白色或无色透明，使得腌腊肉制品红白分明。

呈色的主要机理是硝酸盐在肉中脱氮菌（或还原物质）的作用下，还原成亚硝酸盐，亚硝酸盐在一定的酸性条件下分解成亚硝酸，亚硝酸很不稳定，容易分解产生亚硝基（NO-），亚硝基很快与肌红蛋白反应生成鲜红色的亚硝基肌红蛋白。亚硝基肌红蛋白遇热后颜色稳定不褪色。

$NaNO_3$ 脱氮菌还原：$NaNO_3 + 2H \longrightarrow NaNO_2 + H_2O$ （1）

$NaNO_2 + CH_3CH(OH)COOH \longrightarrow HNO_2 + CH_3CH(OH)COONa$ （2）

$3HNO_2 \xrightarrow{\text{还原物质}} H^+ + NO_3 + 2NO + H_2O$ （3）

$NO + Mb(Hb) \longrightarrow NO\text{-}Mb(NO\text{-}Hb)$ （4）

通常肉中 NO-Mb 的多少与硝酸盐（或亚硝酸盐）的使用量、肉的 pH 值、温度、发色助剂（抗坏血酸、盐酸）等有一定的关系。

2. 风味的形成

肉经腌制后形成了特殊的腌制风味。这些腌制风味主要是羰基化合物、挥发性脂肪酸、游离氨基酸、含硫化合物等物质，当腌肉加热时就会释放出来，形成特有的风味。在通常条件下，风味的产生需腌制 10～14 天，腌制 21 天香味明显，40～50 天达到最大程度。

在肉腌制过程中，由于微生物和肉中酶的作用，肉中的蛋白质、浸出物和脂肪会发生变化而形成络合物，这些络合物通常就是风味物质。由于蛋白质被分解成多肽、寡肽和氨基酸，会使得腌制成熟后的肉鲜味和嫩度提高。

肉在腌制过程中，加入的亚硝酸盐和盐水浓度都会影响其风味的形成，亚硝酸盐可能抑制脂肪的氧化，会使腌肉基本的滋味和香味体现出来。此外，亚硝酸盐还能提高肉中羰基化合物的含量。

3. 质量的提高

腌肉制品能大大提高贮藏性能，在常温中较长时间保存而不易变质，其主要的原因是在腌制、成熟过程中，水分大大减少；食盐和硝酸也能起到抑菌作用。

三、腌制方法

肉制品腌制的方法很多，主要包括干腌、湿腌、混合腌制及盐水注射法。不论采用何种方法，腌制时都要求腌制剂渗入食品内部深处，并均匀分布在其中，这时腌制过程才基本完成。因而，腌制时间主要取决于腌制剂在食品内进行均匀分布所需要的时间。肉品经过腌制后能提高耐藏性，同时也可以改善食品质地、色泽和风味。

（一）干腌法

干腌法是用食盐或盐、硝酸盐混合物涂擦肉块，然后层层堆叠在腌制容器里，各层之间再均匀地撒上盐，压实，通过肉中的水分将其溶解、渗透而进行腌制的方法。整个腌制过程中没有加水，故称干腌法。在食盐的渗透压和吸湿的作用下，肉的内部渗出部分水分、可溶性蛋白质、矿物质等，形成了盐溶液，使盐分向肉内渗透至浓度平衡为止。在腌制过程中，需要定期将上、下层肉品翻转，以保证腌制均匀，这个过程也称"翻缸"。翻缸的同时，还要加盐复腌，复腌的次数视产品的种类而定，一般2～4次。干腌法生产的产品有独特的风味和质地，适合于大块原料肉的腌制。我国传统的金华火腿、咸肉、风干肉等都采用这种方法。一般腌制温度为 3～5 摄氏度，食盐用量一般是 10% 以上。国外采用干腌法生产的比例很少，主要是一些带骨火腿。干腌的优点是操作简便、制品较干，营养成分流失少，风味较好。其缺点是盐分向肉品内部渗透较慢，腌制时间长，肉品易变质；腌制不均匀，失重大，色泽较差。干腌时产品失去水分的程度取决于腌制的时间和用盐量。腌制周期越长，用盐量越高，原料肉越瘦，腌制温度越高，产品失水越严重。由于操作和设备简单，在小规模肉制品厂和农村多采用此法。

（二）湿腌法

湿腌法即盐水腌制法，是在容器内将肉浸泡在预先配制好的食盐溶液中，并通过扩散和水分转移，让腌制剂渗入食品内部，且在食品内部均匀分布。湿腌法腌制时间需要 3 ~ 5 天，常用于腌制分割肉、肋部肉等。湿腌法的优点是渗透速度快，腌制均匀，盐水可重复使用，肉质较为柔软。湿腌法的时间基本上和干腌法相近，其主要决定于盐液浓度和腌制温度。不足之处是色泽和风味不及干腌制品，腌制时间长，所需劳动力比干腌法大，蛋白质流失 0.8% ~ 0.9%，因含水分多不易保藏。

（三）盐水注射法

为了加快食盐的渗透，防止腌肉的腐败变质，目前广泛采用盐水注射法。盐水注射法最初是单针头注射，进而发展为由多针头的盐水注射机进行注射。用盐水注射法可以缩短腌制时间（如由过去的 72 时可缩至现在的 8 时），提高生产效率，降低生产成本，但是其成品质量不及干腌制品，风味略差。注射多采用专业设备，一排针头可多达 20 枚，每一针头中有多个小孔，平均每小时可注射 60 000 次之多。由于针头数量大，两针相距很近，因而注射至肉内的盐液分布较均匀。另外，为进一步加快腌制速度和盐液吸收程度，注射后通常采用按摩或滚揉操作，即利用机械作用促进盐溶性蛋白质抽提，以提高制品保水性，改善肉质。

（四）混合腌制法

混合腌制法是利用干腌和湿腌互补性的一种腌制方法。肉类腌制时，可先行干腌而后放入容器内用盐水腌制，如南京板鸭、西式培根的加工。干腌和湿腌相结合可以避免湿腌液因食品水分外渗而降低盐液浓度，干腌法中盐较快溶解于外渗水分内；同时腌制时不像干腌法那样使食品表面发生脱水现象；另外，内部发酵或腐败也能被有效阻止。

四、腌制过程的控制与管理

（一）腌制材料

在腌制过程中，腌制材料的使用会影响最终产品的质量，其包括食盐、硝酸盐、腌制添加剂等。

1. 食盐

食盐的纯度。在腌制过程中，如果食盐不纯（含有镁盐和钙盐等杂质），会影响食盐向肉块内渗的速度。此外，食盐中硫酸镁和硫酸钠过多，会使产品具有苦味；食盐中有微量铜、铁、铬存在，会加快腌腊制品中脂肪的氧化腐败。因此，为了保证腌制产品的质量，应尽可能选用纯度较高的食盐，以有效防止肉制品腐败。

腌制时食盐用量因腌制目的、环境条件（气温、腌制的对象）、腌制品种类和消费者口味而有所不同。为了达到完全防腐的目的，要求食品内盐分的浓度至少在 7% 以上，因此所用盐水浓度至少在 25% 以上，这样才能防止腐败变质。但是，盐分过高难以食用。从消费者能接受的腌制品咸度来看，盐分以 2% ~3% 为宜。现在国外腌制品一般趋向于以低盐水浓度腌制。

2. 硝酸盐

腌肉制品的色泽与发色剂（硝酸盐和亚硝酸盐）的使用有很大的相关性，用量不足时发色效果不理想。为了保证肉色，亚硝酸钠最低用量为 0.05 克/千克。为了确保使用安全，我国国家标准规定：在肉制品中亚硝酸钠最大使用量为 0.15 克/千克，腌肉时硝酸钠最大使用量为 0.5 克/千克。在安全范围内使用的发色剂的量与原料肉的种类、加工工艺条件及气温情况等因素有关。一般气温越高，呈色作用越快，发色剂添加量可适当减少。

3. 腌制添加剂

蔗糖或葡萄糖：腌制品中添加蔗糖或葡萄糖后，由于葡萄糖有还原作用，可以影响肉色强度和稳定性。

烟酸和烟酰胺：腌制品中添加烟酸和烟酰胺可形成比较稳定的红色，但这些物质无防腐作用，不能代替亚硝酸钠。

香辛料：腌制品中添加丁香对亚硝酸盐有消色作用。

（二）温度

温度越高，腌制速度越快，时间越短，但肉制品在高温条件下极易腐败变质。为防止在食盐渗入肉内之前就出现腐败变质现象，腌制应在低温环境条件下（10 摄氏度以下）进行。鲜肉和盐液都应预冷到 2~4 摄氏度条件下腌制。

（三）肉的 pH 值

肉的 pH 值会影响肉的发色效果，因亚硝酸钠只有在酸性介质时才能还原成一氧化氮，所以当 pH 值为中性时肉的发色效果不理想。通常为提高肉制品的保水性，常加入碱性磷酸盐，加入后引起 pH 值升高，影响呈色效果。在过低 pH 值环境中，亚硝酸盐消耗增大，如亚硝酸盐使用过量，易引起肉色变绿，发色的最适 pH 值范围一般为 5.6~6.0。

（四）氧气

肉类腌制时，保持缺氧环境可以避免褪色。当肉类无还原物质存在时，暴露于空气中的肉表面的色素就会氧化，出现褪色现象。

综上所述，为了使肉制品具有理想的颜色，在腌制时必须根据腌制时间的长短，选择合适的发色剂，掌握适当的用量，在适宜的 pH 条件下严格操作。要注意在避光、低温条件下，采用添加抗氧化剂、真空包装或充氮包装、添加脱氧剂脱氧等方法，确保腌肉的质量。

五、腌腊肉制品生产

（一）腊肉

腊肉是我国古老的腌腊制品之一，是将猪肋条肉经剔骨、切割成条状后，用食盐及其他调料腌制，经长期风干、发酵或经人工烘烤而成。腊肉的品种很多，选用鲜猪肉的不同部位都可以制成各种不同品种的腊肉，按产地可分为广东腊肉、四川腊肉、湖南腊肉等，其产品的品种和风味各具特色。广东腊肉以色、香、味、形俱佳而享誉中外，其特点是选料严格、制作精细、色泽美观、香味浓郁、肉质细嫩、芬芳醇厚、甘甜爽口；四川腊肉色泽鲜明、皮肉红黄、肥膘透明或乳白、腊香带咸；湖南腊肉肉质透明、皮呈酱紫色、肥肉亮黄、瘦肉棕红、风味独特。另外，也有的以牛、羊肉为原料，加工腊牛肉和腊羊肉。腊肉的品种不同，但生产过程大同小异，原理基本相同。下面仅以广东腊肉加工技术做简单介绍。

1. 配方

以 100 千克去骨猪肋条肉为标准：白砂糖 3.7 千克、硝酸钠 12.5 克、食盐 0.8 千克、大曲酒（60 度）1.56 千克、白酱油 6.25 千克、麻油 1.5 千克。

2. 原料选择

精选肥瘦层次分明的去骨五花肉或其他部位的新鲜猪肉，一般肥瘦比例为 5∶5 或 4∶6。修刮净皮上的残毛及污垢。

3. 剔骨、切肉条

剔除硬骨或软骨，修割整齐后，切成长 35~50 厘米、每条重 180~200 克的薄肉条。在肉条一端用尖刀穿一小孔，系上 15 厘米长的麻绳，以便悬挂。

4. 洗肉条

将肉条浸泡在 30 摄氏度左右的清水中漂洗 1~2 分，除去肉条表面的浮油，取出沥干水分。

5. 腌制

按配方先把白砂糖、硝酸钠、食盐倒入容器中，然后再加大曲酒、白酱油、麻油，固体腌料和液体调料充分混匀并完全溶化后，把切好的肉条放入腌肉缸中，随即翻动，使每条肉都与腌制液接触。腌制温度保持在 0~10 摄氏度，腌制时每隔 1~2 时上下翻动一次，使腊肉能均匀地腌透。腌制时间视腌制方法、肉块大小、腌制的温度不同而有所差别，一般在 4~8 时。待配料完全被吸收后，取出腊肉挂在竹竿上，等待烘烤。

6. 烘烤

将腌好的肉连同竹竿移入烘房烘架上，控制室温为 50 摄氏度左右，底层温度为 80 摄氏度左右。烘架可分三层，下层挂当天新腌成的肉条，中层挂前一天烘烤的肉条，上层火力最小，可挂接近烘好的肉条。如全为同一天的肉，则每隔数小时要上下调换位置，以便烘烤均匀，一般烘48～72时即可。如遇晴天，也可不烘烤而置于阳光下暴晒，晚上移入室内，连续晒几天，直至表面出油为止。如遇中途阴雨，应在烘房内烘烤，不能等待晴天再晒。

7. 包装

烘好的肉条送入干燥通风的晾挂室中冷凉至室温即为成品，用竹筐或纸箱盛装。传统腊肉用防潮蜡纸包装，现多用真空包装。

（二）咸肉

咸肉的特点是用盐量高，其生产过程一般不经过干燥脱水烘熏，腌制是其主要加工步骤。经过腌制，大量的滋味物质产生，因此腌肉制品滋味鲜美，但腌肉没有经过干燥脱水和发酵成熟，挥发性风味成分产生不足，没有独特的气味。作为一种传统的大众化肉制品，腌肉在我国各地都有生产，种类繁多。

1. 配方

猪肋条肉100千克，精盐15～18千克，花椒微量，硝酸钠14克。

2. 原料选择

鲜猪肉或冻猪肉都可以作为原料，肋条肉、五花肉、腿肉均可，但肉色应好、放血充分，且必须经过卫生检验部门检疫合格。若为新鲜肉，必须摊开凉透；若为冻肉，必须解冻微软后再进行分割处理。带骨加工的腌肉，按原料肉的部位不同，分别以连片、小块、蹄腿取料。连片是指去头、尾和腿后的片本；小块是指每块2.5千克左右的长方形肉块；蹄腿是指带爪的猪腿。

3. 修整

先削去血脖部位污血，再割除血管、淋巴、碎油及横膈膜等。

4. 开刀门

为了加速腌制，可在肉上割出刀口，俗称"开刀门"。肉块上每隔2～6厘米划一刀，深度一般为肉质的1/3。刀口大小、深浅、多少，根据气温和肌肉厚薄而定，如气温在15摄氏度以上，刀口要开大些、多些，以加快腌制速度；15摄氏度以下则可小些，少些。

5. 腌制

在3～4摄氏度条件下腌制。干腌时，用盐量为肉重的14%～20%，硝酸盐小于0.015%。将盐和硝酸盐混匀涂抹于肉表面，肉厚处多擦些；擦好盐的肉块堆垛腌制。第一层皮面朝下，每层间再撒一层盐，依次压实，最上一层皮面向上，于表面处多撒些盐；每隔5～6天上下互相调换一次，同时补撒食盐，经25～30天即可。若用湿腌法腌制，用开水配成22%～35%的食盐液，再加0.7%～1.2%的硝酸盐、2%～7%的白砂糖（也可不加）。将肉成排地堆放在塑料箱内，加入配好冷却的澄清盐液，以浸没肉

113

块为度。盐液重为肉重的30% ~40%，肉面压以木板或石块。每隔4~5天上下层翻转一次，15~20天即成。

6. 腌肉清洗

用清水漂洗腌肉并不能达到退盐的目的，如果用盐水来漂洗（所用盐水浓度要低于腌肉中所含盐分的浓度），漂洗几次，则腌肉中所含的盐分就会逐渐溶解在盐水中，最后用淡盐水清洗即可。

思 考 题

1. 简述腌肉的呈色机制及影响腌肉色泽的因素。
2. 简述肉类腌制的方法及其优缺点。
3. 简述如何提高腌肉制品的质量。
4. 简述腊肉制作的生产方法。
5. 简述咸肉制作的生产方法。

项目四　熏烤制品产业化生产

学习目标

1. 了解熏烟的成分及作用；
2. 熟悉熏制和烤制对肉品的作用；
3. 掌握常见的熏烤制品生产方法。

一、肉品熏制技术

烟熏是肉制品加工的主要手段，许多肉制品特别是西式肉制品如灌肠、火腿、培根等均需经过烟熏。肉品经过烟熏，不仅获得特有的烟熏味，而且保存期延长。但是，随着冷藏技术的发展，烟熏防腐已降到次要的位置，烟熏的主要目的已成为赋予肉制品特有的烟熏风味。

（一）熏烟的成分及其作用

熏烟是木材不完全燃烧产生的，是由气体、液体和固体微粒组成的混合物，现在已在木材熏烟中分离出 200 种以上不同的化合物，但这并不意味着熏烟中存在所有这些化合物。熏烟的成分常因燃烧温度、燃烧室的条件、形成化合物的氧化变化及其他许多因素的变化而有差异。而且熏烟中的一些成分对制品风味及防腐作用来说无关紧要。熏烟中常见的化合物为酚类、有机酸类、醇类、羰基化合物、烃类，以及一些气体物质。

1. 酚类

从木材熏烟中分离出来并经鉴定的酚类达 20 种之多，其中有愈创木酚（邻甲氧基苯酚）、4-甲基愈创木酚等。在肉制品烟熏中，酚类有三种作用：第一，抗氧化剂作用；第二，呈色和呈味作用；第三，抑菌防腐作用。其中酚类的抗氧化作用对熏烟肉制品最为重要。

熏制肉品特有的风味主要与存在于气相的酚类有关，如 4-甲基愈创木酚、愈创木酚、2,5-二甲氧基苯酚等。然而，烟熏风味还和其他物质有关，这是许多化合物综合作用的效果。酚类具有较强的抑菌能力。正由于此，酚系数常被用作衡量和酚相比时各种杀菌剂相对有效值的标准方法。高沸点酚类杀菌效果较强，但由于熏烟成分渗入的深度有限，因而主要对制品表面的细菌有抑制作用。

2. 醇类

木材熏烟中醇的种类繁多，其中最常见的是甲醇，由于甲醇是木材分解蒸馏中的主要产物之一，故又称其为木醇。熏烟中还含有伯醇、仲醇和叔醇等，但是它们很容易被氧化成相应的酸类。醇类对色、香、味几乎不起作用，仅成为挥发性物质的载体，它的杀菌能力也较弱。因此，醇类可以说是熏烟中最不重要的成分。

3. 有机酸类

熏烟组分中存在含 1~10 个碳原子的简单有机酸，熏烟蒸气相内存在含 1~4 个碳原子的酸，常见的有蚁酸、醋酸、丙酸、丁酸和异丁酸；而 5~10 个碳的长链有机酸主要附着在熏烟的固体微粒上，有戊酸、异戊酸、己酸、庚酸、辛酸、壬酸和癸酸。

有机酸对熏烟制品的风味影响很小，但可聚积在制品的表面，而具有微弱的杀菌防腐作用。酸有促进烟熏制品表面蛋白质凝固的作用，在生产去肠衣的肠制品时，有助于肠衣剥除。

4. 羰基化合物

熏烟中存在大量的羰基化合物，现已确定的有 20 种以上。同有机酸一样，它们既存在于蒸气蒸馏组分内，也存在于熏烟内的固体颗粒上。虽然绝大部分羰基化合物为非蒸气蒸馏性的，但蒸气蒸馏组分内有着非常典型的烟熏风味，而且影响色泽的成分也主要存在于蒸气蒸馏组分内。因此，对熏烟色泽、风味来说，简单短链化合物最为重要。熏烟的风味和芳香味可能来自某些羰基化合物，而且更有可能来自熏烟中浓度特别高的羰基化合物，烟熏食品因此具有特有的风味。

5. 烃类

从熏烟食品中能分离出许多多环烃类，其中有苯并（a）蒽［benz（a）anthra-cene］，二苯并（a，h）蒽［dibenz（a，h）anthracene］、苯并（a）芘［benz（a）py-rene］、芘（pyrene）以及 4-甲基芘（4-methylprene）。在这些化合物中致癌物质至少有苯并（a）芘和二苯并（a，h）蒽。在烟熏食品中，尚未发现其他多环烃类有致癌性。多环烃对烟熏制品来说无重要的防腐作用，也不能产生特有的风味。它们附着在熏烟内的固体颗粒上，采用过滤的方法可以将其除去，在液体烟熏液中烃类物质的含量大大减少。

6. 气体物质

熏烟中产生的气体物质有二氧化碳、一氧化碳、氧气、氮气、一氧化二氮等，其作用还不甚明了，大多数对熏制无关紧要。一氧化碳和二氧化碳可被吸收到鲜肉的表面，产生一氧化碳肌红蛋白而使产品产生亮红色；氧气也可与肌红蛋白形成氧合肌红蛋白或高铁肌红蛋白，但还没有证据证明熏制过程会发生这些反应。气体成分中的一氧化二氮可在熏制时形成亚硝胺，碱性条件有利于亚硝胺的形成。

（二）熏烟的产生

用于熏制肉制品的烟气，主要是硬木等不完全燃烧得到的。烟气是由空气和没有完全燃烧的产物——燃气、蒸汽、液体、固体物质的粒子所形成的气溶胶系统，熏制的实质就是产品吸收木材分解产物的过程，因此木材的分解产物是烟熏作用的关键。烟气中的烟黑和灰尘只能污染制品，水蒸气成分不起熏制作用，只对脱水蒸发起决定作用。

木材在高温燃烧时产生烟气的过程可分为两步：第一步是木材的高温分解；第二步是高温分解产物的变化，形成环状或多环状化合物，发生聚合反应、缩合反应以及形成产物的进一步热分解。当木材中心部位尚有水分、而表面温度超过 100 摄氏度时，表面酸化和分解产生一氧化碳、二氧化碳、甲醇、甲酸等物质。当中心温度升至 300～400 摄氏度时，发生热分解并产生熏烟。实际上大多数木材在 200～260 摄氏度时开始产生熏烟，260～310 摄氏度时产生焦油等产物，达到 310 摄氏度以上时，木材开始分解产生酚类及其衍生物。已知的 200 多种烟气成分并不是熏烟中都存在的，这受很多因素影响，如供氧量、燃烧温度、木材种类等。

一般来说，硬木、竹类风味较佳，而软木、松叶类因树脂含量多、燃烧时产生大量黑烟，使肉制品表面发黑，并含有多萜烯类的不良气味。在烟熏时一般采用硬木，也有采用玉米芯的。在燃烧过程中，供氧量不同，熏烟的成分差异也较大。若限制供氧量，则熏烟中羧酸类物质含量较多；若供氧量充足，燃烧温度在 400 摄氏度时，熏烟中酚类物质含量较多，这有利于烟熏制品的生产，但此温度也是苯并（a）芘等致癌物的最大生成温度带，从食品安全性和风味质量等方面综合考虑，现在一般选用 340 摄氏度。

在烟熏过程中，熏烟成分最初在表面沉积，随后各种熏烟成分向肉品内部渗透，使制品呈现特有的色、香、味。熏烟颗粒沉积的多少与肉品表面的含水量、熏烟的密度、烟熏室内的空气流速和相对湿度等有很大关系。

（三）烟熏方法

肉制品加工中常见的烟熏方法很多，分类依据不同，种类也不同。

1. 按制品的加工过程分类

（1）熟熏

这是一种非常特殊的烟熏方法。它是指熏制温度为 90～120 摄氏度，甚至 140 摄氏度的烟熏方法。在这种温度下的熏制品已完全熟化，无须再熟化加工。熟熏制品多为我国的传统熏制品，大多是在煮熟之后进行烟熏，如熏肘子、熏猪头、熏鸡、熏鸭及鸡鸭的分割制品等。产品经过熏制加工，呈金黄色的外观，表面干燥，形成烟熏的特有气味，可增加耐贮藏性。熟熏制品的加工技术一般包括原料选择、整理、预处理

（脂制或蒸煮）、造型、卤制和熏制。

（2）生熏

这是常见的熏制方法，是指熏制温度为 30 ~ 60 摄氏度的烟熏方法。这种方法制得的产品，需进行蒸煮或炒制才能食用。生熏制品的种类很多，其中主要是熏腿和熏鸡，还有熏猪排、熏猪舌等。主要以猪的方肉、排骨等为原料，经过腌制、烟熏而成，具有较浓的烟熏气味。

2. 按熏烟的生成方式分类

（1）直接烟熏

这种原始的烟熏方法，是指在烟熏室内用不完全燃烧木材进行熏制。烟熏室下部燃烧木材、上部垂挂产品。根据烟熏时的温度范围不同，可分为冷熏、温熏、热熏、焙熏等。

直接烟熏法历史悠久，应用广泛，不需复杂的设备，易被厂家认可。其缺点：第一，熏制条件受很多因素的影响（熏材、燃烧情况等），几乎没有可能获得组分一定的熏烟，故熏制品质量不易控制，容易造成产品质量不稳定；第二，熏制时间长，特别是冷熏法，时间长达数小时乃至数十小时之久，即使热熏法也需要数十分钟至若干小时；第三，作业环境差，劳动强度大，工具、房间都被污染；第四，生产效率低，能源消耗大，而且利用率低，难以实施机械化、连续化生产；第五，熏烟中含苯并（a）芘，在熏制过程中难以直接除去，使肉制品携带致癌物质。

（2）间接烟熏

用发烟装置（熏烟发生器）将燃烧好的一定温度和湿度的熏烟送入熏烟室与产品接触后进行熏制，熏烟发生器和熏烟室是两个独立结构。这种方法不仅可以克服直接烟熏时熏烟的密度和温、湿度不均的问题，而且可以通过调节熏材燃烧的温度和湿度以及接触氧气的量，来控制烟气的成分，减少有害物质的产生，因而得到广泛的应用。就烟的发生方法和烟熏室内温度条件可分为湿热法、摩擦生烟法、燃烧法、炭化法、二步法等。

3. 按熏制过程中温度范围分类

（1）冷熏法

冷熏法是指在低温（15 ~ 30 摄氏度）下，进行较长时间（4 ~ 7 天）的熏制，熏前原料须经过较长时间的腌制。冷熏法宜在冬季进行，夏季由于气温高，温度很难控制，特别是在发烟很少的情况下，容易发生酸败现象。冷熏法生产的食品水分含量在 40% 左右，其贮藏期较长，但烟熏风味不如温熏法。冷熏法主要用于干制的香肠，如萨拉米香肠、风干香肠等，也可用于带骨火腿及培根的熏制。

（2）温熏法

温熏法是在 30～50 摄氏度范围内进行的烟熏法，此温度范围超过了脂肪熔点，所以肉中脂肪很容易流出来，而且部分蛋白质开始凝固，肉质变得稍硬。这种方法用于熏制脱骨火腿和通脊火腿，也可用这种烟熏方法制造培根。由于这种烟熏法的温度范围利于微生物繁殖，如果烟熏时间过长，可能会引起肉制品腐败。因此，烟熏的时间不能太长，一般控制在 5～6 时，最长不能超过 2～3 天。

（3）热熏法

热熏法熏制温度控制在 50～80 摄氏度。一般在实际工作时温度在 60 摄氏度左右。在这个范围内，蛋白质几乎完全凝固，所以在完成烟熏后，制品的形态与经过冷熏和温熏的制品有相当大的差别。这类制品表面的硬度很高，而且内部的水分含量也较高，并富有弹力，一般烟味很难附着。熏制时间一般为 4～6 时。由于熏制的温度较高，制品在短时间内就能形成较好的烟熏色泽，但是熏制的温度必须缓慢上升，否则会发色不均匀。一般灌肠产品的烟熏采用这种方法。

（4）焙熏法

焙熏法的温度为 90～120 摄氏度，是一种特殊的熏烤方法，包含蒸煮或烤熟的过程，应用于烤制品生产，常用于火腿、培根的生产。由于熏制温度较高，熏制的同时达到熟制的目的，制品不必进行热加工就可以直接食用，而且熏制的时间较短。但产品贮藏性较差，而且脂肪溶化较多，适合于瘦肉含量较高的制品。

4. 其他烟熏方法

（1）电熏法

在烟熏室配制电线，电线上吊挂原料后，给电线通 10～20 千伏高压直流电或交流电，进行放电，熏烟由于放电而带电荷，可以更深地进入肉内，以提高风味，延长贮藏期。电熏法使制品贮藏期增加，不易生霉；烟熏时间缩短，只有温熏法的 1/2；制品内部的甲醛含量较高，使用直流电时烟更容易渗透。但用电熏法时熏烟在物体的尖端部分沉积较多，造成烟熏不均匀，再加上成本较高等因素，目前还不普及。

（2）液熏法

用液态烟熏制剂代替烟熏的方法称为液熏法，又称无烟熏法，目前在国内外已广泛使用，代表烟熏技术的发展方向。液态烟熏制剂一般是指硬木干馏制成并经过特殊净化而含有烟熏成分的溶液。

使用烟熏液和天然熏烟相比有不少优点：第一，不再使用熏烟发生器，可以减少大量的投资费用；第二，过程有较好的重复性，因为液态烟熏制剂的成分比较稳定；第三，制得的液态烟熏制剂中固相已去净，无致癌的危险。

一般用硬木制液态烟熏剂，软木虽然能用，但需用过滤法除去焦油小滴和多环烃。

最后产物主要由气相组成，并含有酚、有机酸、醇和羰基化合物。利用烟熏液的方法主要有两种：第一，用烟熏液代替熏烟材料，用加热的方法使其挥发包覆在制品上。这种方法仍需要烟熏设备，但其设备容易保持清洁状态。而使用天然熏烟时常会有焦油或其他残渣沉积，以致需要经常清洗。第二，通过浸渍或喷洒法使烟熏液直接加入制品中，省去全部的烟熏工序。采用浸渍法时，将烟熏液加 3 倍水稀释，将制品在其中浸渍 10～20 时，然后取出干燥，浸渍时间可根据制品的大小、形状而定。如果在浸渍时加入 0.5% 左右的食盐，风味更佳，有时在稀释后的烟熏液中加 5% 左右的柠檬酸或醋，便于形成外皮，这主要用于生产去肠衣的肠制品。

用液态烟熏剂取代熏烟后，肉制品仍然要蒸煮加热。同时，烟熏溶液喷洒处理后若立即蒸煮，能形成良好的烟熏色泽，因此烟熏制剂处理宜在即将开始蒸煮前进行。

（四）熏烟的沉积和渗透

影响熏烟沉积量的因素有食品表面的含水量、熏烟的密度、烟熏室内的空气流速和相对湿度。一般食品表面越干燥，沉积得越少（用酚的量表示）；熏烟的密度越大，熏烟的吸收量越大，和食品表面接触的熏烟也越多；然而气流速度太大，难以形成高浓度的熏烟。因此，在实际操作中，要求既能保证熏烟和食品的接触，又不致使密度明显下降，常采用 7.5～15.0 米/分的空气流速。相对湿度高有利于加速沉积，但不利于色泽的形成。

在烟熏过程中，熏烟成分最初在表面沉积，随后各种熏烟成分向内部渗透，使制品呈现特有的色、香、味。影响熏烟成分渗透的因素是多方面的：熏烟的成分和浓度、温度、产品的组织结构、脂肪和肌肉的比例、水分的含量、熏制的方法和时间等。

（五）烟熏对肉制品的作用

在烟熏过程中，制品中酶的活化、水分的散失、熏烟成分的附着以及微生物的变化等都对制品产生各种影响，烟熏成分直接关系到肉制品的风味、货架期、营养价值、有效成分及安全性等。其主要作用有以下几点。

1. 呈味作用

烟熏风味主要来自两方面：一是烟气中的许多有机化合物附着在制品上，赋予制品特有的烟熏香味，如有机酸（蚁酸和醋酸）、醛、醇、酮、酚类等，特别是酚类中的愈创木酚和4-甲基愈创木酚是重要的风味物质。二是烟熏的加热促进肉制品中蛋白质的分解，生成氨基酸、低分子肽类、脂肪酸等，使肉制品产生独特的风味。

2. 发色作用

熏烟成分中的羰基化合物可以和肉中蛋白质或其他含氮物中的游离氨基发生美拉德反应，使肉外表形成独特的金黄色或棕色；加热能促进硝酸盐还原菌的增殖及蛋白质的热变性，游离出半胱氨酸，促进一氧化氮血素原形成稳定的颜色，另外加热还会使脂肪外渗起到润色作用，从而提高制品的外观美感。

3. 杀菌防腐作用

熏烟中的有机酸、醛和酚类具有抑菌和防腐作用。有机酸与肉中的氨、胺等碱性物质中和，由于其本身的酸性而使肉酸性增强，从而抑制腐败菌的生长繁殖。醛类一般具有防腐性，特别是甲醛，不仅具有防腐性，而且还与蛋白质或氨基酸的游离氨基结合，使碱性减弱，酸性增强，进而增加防腐作用。

熏烟的杀菌作用较为明显的是在表层，经熏制后表面的微生物可减少1/10，大肠杆菌、变形杆菌、葡萄状球菌对烟最敏感，3时即死亡。只有霉菌和细菌芽孢对烟的作用较稳定。由烟熏本身产生的杀菌防腐作用是很有限的，而烟熏前的腌制、烟熏中和烟熏后的脱水干燥则赋予熏制品良好的储藏性能。

4. 抗氧化作用

烟中许多成分具有抗氧化作用。有人曾用煮制的鱼油试验，通过烟熏与未经烟熏的产品在夏季高温下放置12天测定它们的过氧化值，结果经烟熏的为2.5毫克/千克，而未经烟熏的为5毫克/千克，由此证明熏烟具有抗氧化能力。熏烟中抗氧化作用最强的是酚类及其衍生物，其中以邻苯二酚和邻苯三酚及其衍生物作用尤为显著。

（六）有害成分的控制

烟熏制品具有风味独特、色香俱佳的特点，但烟熏过程如果处理不当，熏烟中的有害成分也会污染食品，危害人体健康。主要问题是熏烟中的苯并（a）芘和二苯并蒽是强致癌物，熏烟可通过直接或间接作用促进亚硝胺的形成，所以在肉制品加工中应减少有害成分污染，确保食品安全。

1. 控制发烟温度

苯并（a）芘在发烟温度300~400摄氏度以下时产生量较少，在发烟温度400~1 000摄氏度时则大量产生，所以一般将发烟温度控制在300~350摄氏度。

2. 湿烟法熏制

用机械方法使高热的水蒸气混合物强行通过木屑，使木屑产生烟雾，并将烟雾引入烟熏室，在达到烟熏效果的同时不污染食品。

3. 室外发烟净化

采用室外发烟，将烟气通过过滤、冷气淋洗、静电沉淀处理后通入烟熏室可大大降低苯并（a）芘的含量。

4. 液熏法

用经过净化处理的烟熏剂直接处理肉品，既简化生产工艺，又可防止有害成分对制品的污染，是目前烟熏制品加工的发展趋势。

5. 隔离保护

苯并（a）芘分子量较大，易吸附于制品的表层，加工制品时在外层用肠衣阻隔，可起到良好的阻隔效果。

（七）典型熏肉制品生产

1. 沟帮子熏鸡

沟帮子熏鸡是辽宁北镇沟帮子的传统名产，以其历史悠久、制作独特、味道鲜美而驰名。沟帮子熏鸡色泽呈枣红色，细腻芳香，烂而连丝，咸淡适宜。

（1）配方

白条鸡 75 千克、砂仁 15 克、肉蔻 15 克、丁香 30 克、肉桂 40 克、山柰 35 克、白芷 30 克、陈皮 50 克、桂皮 45 克、鲜姜 250 克、花椒 30 克、八角 40 克、辣椒粉 10 克、胡椒粉 10 克、食盐 3 千克、味精 0.13 千克、磷酸盐 0.12 千克。

（2）选料

选取来自非疫区的一年生健康公鸡，体重 0.73 ~ 0.77 千克。一年生公鸡肉嫩、味鲜，而母鸡由于脂肪太多，吃起来腻口，一般不宜选用。

（3）宰杀

热烫去毛后的鸡体用酒精灯燎去小毛，腹部开膛，取出内脏，拉出气管及食管，用清水漂洗去净血水后，送预冷间排酸。

（4）排酸

排酸温度要求在 2 ~ 4 摄氏度，排酸时间为 6 ~ 12 时。经排酸后的白条鸡肉质柔软，有弹性，多汁，制成的成品口味鲜美。

（5）腌制

采用干腌与湿腌相结合的方法，在鸡体的表面及内部均匀地擦上一层盐和磷酸盐的混合物，干腌 0.5 时后，放入饱和的盐溶液中继续腌制 0.5 时，捞出沥干备用。

（6）整形

用木棍将鸡腿骨折断，把鸡腿盘入鸡的腹腔，头部拉到左翅下，码放在蒸煮笼内。

（7）卤制配汤

将水和除腌制料以外的其他辅料一起入蒸煮槽，煮至沸腾后，停止加热，盖上盖，焖 30 分备用。

卤制：将蒸煮笼吊入蒸煮槽内，升温至 85 摄氏度，保持 45 分，检验大腿中心，以断生为度，即可吊出蒸煮槽。

（8）干燥

采用烟熏炉干燥，干燥时间为 5 ~ 10 分，温度为 55 摄氏度，以产品表面干爽、不黏手为度。

（9）熏烤

采用烟熏炉熏制，木屑采用当年产、无霉变的果木屑，适量添加白砂糖，熏制温度为 55 摄氏度，时间为 10～18 分，熏至皮色油黄、暗红色即可。而后在鸡体表面抹上一层芝麻油，使产品表面油亮。

（10）无菌包装

包装间采用臭氧、紫外线消毒，真空贴体袋包装。

（11）杀菌

采用隧道式连续微波杀菌或其他二次杀菌方式，杀菌时间为 1～2 分，中心温度控制在 75～85 摄氏度，杀菌后冷却至常温，即为成品。

2. 北京熏猪肉

北京熏猪肉是北京地区的风味特产，具有清香味美、风味独特、宜于冷食的特点，深受群众喜爱。

（1）配方

猪肉 50 千克、粗盐 3 千克、白砂糖 200 克、花椒 25 克、八角 75 克、桂皮 100 克、小茴香 50 克、鲜姜 150 克、大葱 200 克。

（2）原料选择与整修

选用经卫生检验合格后的皮薄肉厚的生猪肉，取其前后腿肉，剔除骨头，除净余毛，洗净血块、杂物等，切成 15 厘米见方的肉块，用清水泡 2 时，捞出后沥干水，或入冷库中用食盐腌一夜。

（3）煮制

将肉块放入开水锅中煮 10 分，捞出后用清水洗净。把老汤倒入锅内并加入除白砂糖外的所有辅料，大火煮沸，然后把肉块放入锅内烧煮，开锅后撇净汤油及脏沫子，每隔 20 分翻一次，约煮 1 时。出锅前把汤油及沫子撇净，将肉捞到盘子里，沥干水分，再整齐地码放在熏屉内，以待熏制。

（4）熏制

熏制的方法有两种：一种是将锯末刨花放在熏炉内，熏 20 分左右即为成品；另一种是将空铁锅放在炉子上，用旺火将放入锅内底部的白砂糖加热至出烟，将熏屉放在铁锅内熏 10 分左右即可出屉码盘。

二、肉品烤制生产

（一）肉的烤制原理

烤制就是利用高热空气对制品进行高温火烤加热的热加工过程。烧烤的目的是赋予肉制品特殊的香味和表皮的酥脆性，提高口感；并具有脱水干燥、杀菌消毒、防止腐败变质、使制品有耐藏性的作用；产品红润鲜艳，外观良好。

肉类经烧烤所产生的香味，是由于肉类中的蛋白质、糖、脂肪、盐和金属等物质，在加热过程中经过降解、氧化、脱水、脱羧等一系列反应，产生醛类、酮类、醚类、内酯、呋喃、吡嗪、硫化物、低级脂肪酸等化合物。尤其是糖、氨基酸之间的美拉德反应，不仅产生棕色物质，同时伴随生成多种香味物质，从而赋予肉制品香味。蛋白质分解产生谷氨酸，与盐结合生成谷氨酸钠，使肉制品带有鲜味。

此外，在加工过程中，腌制时加入的辅料也有增进香味的作用。如五香粉含有醛、酮、醚、酚等成分，葱、蒜含有硫化物。在烤猪、烤鸭、烤鹅时，浇淋糖水，烤制时糖与皮层蛋白质分解生成的氨基酸发生美拉德反应，不仅起到美化外观的作用，还产生香味物质。烤制前浇淋热水和晾皮，使皮层蛋白质凝固，皮层变厚干燥，烤制时，在热空气作用下，蛋白质变性而酥脆。

（二）烤制对肉制品的作用

熟制和杀菌作用。通过烤制，肉品中的蛋白质变性，糖类和脂肪分解，提高消化吸收率；同时肉制品内的大部分微生物在高温烘烤下变性死亡，提高了肉制品的食用安全性。

呈味作用。肉类经烘烤产生香味，是由于肉中的蛋白质、糖、脂肪等物质在加热过程中，经一系列生化反应，生成一系列呈味物质。

呈色作用。在烘烤过程中，肉中的氨基酸与表面的糖发生美拉德反应；表面的糖在高温下发生焦糖化反应，使制品表面产生诱人的色泽。

（三）烤制方法

1. 明炉烧烤法

把制品放在明火或明炉上烤制的方法被称为明炉烧烤法。从使用设备来看，明炉烧烤法分为三种：第一种是将原料肉叉在铁叉上，在火炉上反复炙烤，烤匀烤透，如烤乳猪；第二种是将原料肉切成薄皮状，经过腌制处理，最后用铁签穿上，架在火槽上，边烤边翻动，炙烤成熟，如烤羊肉串；第三种是在盆上架一排铁条，先将铁条烧红，再把调好的薄肉片倒在铁条上，用木筷翻动，成熟后取下食用，如北京烤肉。

2. 暗炉烧烤法

把制品放在封闭的烤炉中，利用炉内高温使其烤熟，被称为暗炉烧烤法。由于要用铁钩钩住原料，挂在炉内烤制，又称挂炉烧烤法，如北京烤鸭、叉烧肉等。烤制时常用的烤炉有三种：一是砖砌炉，中间放一个特制的烤缸，烤炉有大小之分，一般小的炉可烤 6 只烤鸭，大的可烤 12～15 只烤鸭。这种炉的优点是制品风味好，设备投资小，保温性能好，省热源，但不能移动。二是铁桶炉，炉的四周用厚铁皮或不锈钢制成。可移动，比较先进，烤温、烤制时间、旋转方式均可控制，操作方便，节省人力，生产效率高，但投资较大、保温效果差，成品风味不如砖砌炉。

（四）典型烤肉制品生产

1. 广式脆皮乳猪

广式脆皮乳猪色泽红亮，皮脆肉香，入口即化，猪身完整、整洁，表面无任何杂质，深受人们喜爱。

（1）配方

乳猪1头（5~6千克）、食盐50克、白砂糖100克、白酒5克、芝麻酱25克、干酱25克、麦芽糖适量。

（2）原料选择

选用5~6千克重的健康有膘乳猪，要求皮薄肉嫩，全身无伤痕。

（3）屠宰与整理

放血后，用65摄氏度左右的热水浸烫，注意翻动，取出迅速刮净毛，用清水冲洗干净。沿腹中线用刀剖开胸腹腔和颈肉，取出全部内脏器官。将头骨和脊骨劈开，切莫劈开皮肤，取出脊髓和猪脑，剔出第二、第三条胸部肋骨和肩胛骨，用刀划开肉层较厚的部位，便于配料渗入。

（4）腌制

除麦芽糖之外，所有辅料混合后，均匀地涂擦在体腔内，腌制时间夏天约30分，冬天可延长到1~2时。

（5）烫皮、挂糖色

腌好的猪坯，用特制的长铁叉从后腿穿过前腿到嘴角，并吊起沥干水。然后用80摄氏度的热水浇淋在猪皮上，直到皮肤收缩。待晾干水分后，将麦芽糖水（1份麦芽糖加5份水）均匀刷在皮面上，最后挂在通风处待烤。

（6）烤制

烤制有两种方法：一种是用明炉烤制，另一种是用挂炉烤制。

明炉烤制：采用铁制长方形烤炉，用木炭把炉膛烧红，将叉好的乳猪置于炉上，先烤体腔肉面，约烤20分后，翻转烤皮面，烤30~40分，当皮面色泽开始转黄和变硬时取出，用针板扎孔，再刷上一层植物油（最好是生茶油），而后再放入炉中烘烤30~50分，烤到皮脆、皮色变成金黄色或枣红色即为成品。整个烤制过程不宜用大火。

挂炉烤制：将烫皮和已涂麦芽糖晾干后的猪坯挂入加温的烤炉内，约烤40分，猪皮开始转色时，将猪坯移出炉外扎针、刷油，再挂入炉内烤40~60分，至皮呈红黄色而且脆时即可出炉。烤制时炉温需控制在160~200摄氏度。挂炉烤制火候不是十分均匀，成品质量不如明炉。

2. 北京烤鸭

北京烤鸭是典型的烤制品，为我国著名特产。北京全聚德烤鸭以其优异的质量和独特的风味在国内外享有盛誉。北京烤鸭鸭体色泽红润、丰满，表皮和皮下组织、脂肪组织混为一体，皮层变厚，皮质松脆，肉嫩鲜酥，肥而不腻，香气四溢。

（1）选料

北京烤鸭要求必须选用经过填肥的北京鸭，饲养期在 55～65 日龄、活重在 2.5 千克以上的为佳。

（2）宰杀造型

填鸭经过宰杀、放血、煺毛后，先剥离颈部食道周围的结缔组织，打开气门向鸭体皮下脂肪与结缔组织之间充气，使鸭体保持膨大壮实的外形。然后从腋下开膛，取出全部内脏，用 8～10 厘米长的秫秸（去穗高粱秆）由切口塞入膛内充实体腔，使鸭体造型美观。

（3）冲洗烫皮

通过腋下切口用清水（水温 4～8 摄氏度）反复冲洗胸腹腔，直到洗净为止。拿钩钩住鸭胸部上端 4～5 厘米处的颈椎骨（右侧下钩，左侧穿出），提起鸭坯用 100 摄氏度的沸水淋烫表皮，使表皮蛋白质凝固，减少烤制时脂肪的流出，并达到烤制后表皮酥脆的目的。淋烫时，第一勺水要先烫刀口处，使鸭皮紧缩，防止跑气，然后再烫其他部位。一般情况下，用 3～4 勺沸水即能把鸭坯烫好。

（4）浇挂糖色

浇挂糖色的目的是改善烤制后鸭体表面的色泽，同时增加表皮的酥脆性和适口性。浇挂糖色的方法与烫皮相似，先淋两肩，后淋两侧。一般只需 3 勺糖水即可淋遍鸭体。糖色的配制用 1 份麦芽糖和 6 份水，在锅内熬成棕红色即可。

（5）灌汤打色

鸭坯经过上色后，先挂在阴凉通风处进行表面干燥处理，然后向体腔灌入 100 摄氏度的汤水 70～100 毫升，鸭坯进炉烤制时能激烈汽化。通过外烤内蒸，使产品具有外脆内嫩的特色。为了弥补挂糖色时的不均匀，鸭坯灌汤后，要淋 2～3 勺糖水，称为打色。

（6）挂炉烤制

鸭坯进炉后，先挂在炉膛前梁上，使鸭体右侧刀口向火，让炉温首先进入体腔，促进体腔内的汤水汽化，使鸭肉快熟。等右侧鸭坯烤至橘黄色时，再使左侧向火，烤至与右侧同色为止。然后旋转鸭体，烘烤胸部、下肢等部位。反复烘烤，直到鸭体全身呈枣红色并熟透为止。

整个烘烤的时间一般为 30～40 分，体型大的需 40～50 分。炉内温度控制在 230～

250 摄氏度，炉温过高、时间过长会造成表皮焦煳，皮下脂肪大量流失，皮下形成空洞，失去烤鸭的特色。时间过短、炉温过低会造成鸭皮收缩、胸部下陷、鸭肉不熟等，影响烤鸭的食用价值和外观品质。

烤鸭皮质松脆，肉嫩鲜酥，体表焦黄，香气四溢，肥而不腻，是传统肉制产品中的精品。

思考题

1. 简述常用的烟熏方法及其特点。
2. 简述烟熏对肉制品的作用。
3. 如何进行熏烟中有害物质的控制？
4. 简述烤制的原理及其方法与特点。
5. 烤制对肉制品有哪些作用？
6. 简述沟帮子熏鸡的生产方法。
7. 简述广式脆皮乳猪的生产方法。

项目五 肠类制品产业化生产

学习目标

1. 了解香肠制品的分类；
2. 掌握中式香肠生产方法；
3. 掌握西式香肠生产方法。

香肠类制品是以畜禽肉为主要原料，经腌制（或未经腌制）、绞碎或斩拌乳化成肉糜状，并混合各种辅料，然后充填入天然肠衣或人造肠衣中成型，根据品种再分别经过烘烤、蒸煮、烟熏、冷却或发酵等工序制成的产品。由于所使用的原料、加工工艺及技术要求、调料辅料不同，所以各种香肠不论在外形上还是口味上都有很大区别。

一、香肠制品的分类及原辅料

（一）国内香肠制品的分类

在我国各地的香肠制品生产上，习惯上将中国原有的加工方法生产的产品称为香肠或腊肠，把国外传入的方法生产的产品称为灌肠。表5.5-1所示为中式香肠和西式灌肠在加工原料、生产工艺和辅料要求等方面的不同点。

表5.5-1　中式和西式肠制品的区别

对比项目	中式香肠	西式灌肠
原料肉	以猪肉为主	除猪肉外，还可用牛肉、马肉、鱼肉、兔肉等
原料肉的处理	瘦肉、肥肉均切成肉丁	瘦肉绞成肉馅，肥肉切成肉丁或瘦肉、肥肉都绞成肉馅
辅调料	加酱油，不加淀粉	加淀粉，不加酱油
日晒、烟熏	长时间日晒、挂晒	烘烤、烟熏

国内香肠按照加工工艺进行分类，可以分为以下几种。

1. 中国香肠

以猪肉为主要原料，经切碎或切成丁，用食盐、硝酸钠、糖、曲酒、酱油等辅料腌制后，充入可食性肠衣中，经晾晒、风干或烘烤等工艺制成。食用前需经熟制加工，产品中不含淀粉，具有典型的酒香和腊香味。主要产品有腊肠、正阳楼风干肠、顺香斋南肠、枣肠、香肚等。

腊 肠

2. 熏煮香肠

以各种畜禽肉为原料，经切碎、腌制、绞碎、斩拌处理后，充入肠衣内，再经烘烤、蒸煮、烟熏（或不烟熏）、冷却等工艺制成。这类产品是我国目前市场上品种和数量最多的一类产品。按照有关的行业标准，熏煮香肠中的淀粉添加量应小于原料肉重的5%。常见的熏煮肠包括北京蒜肠、哈尔滨红肠等。

3. 发酵香肠

以牛肉或猪肉与牛肉的混合肉为主要原料，经绞碎或粗斩成颗粒，添加食盐、（亚）硝酸钠等辅助材料，充入可食性肠衣中，经发酵、烟熏、干燥、成熟等工艺制成。典型产品有萨拉米香肠等。

4. 粉肠

一般以猪肉为主要原料，配料中含有较多淀粉，其加工工艺与熏煮香肠相近，但原料不需腌制。淀粉添加量一般大于原料肉重的10%。

（二）国外香肠制品的分类

1. 生鲜香肠

生鲜香肠通常用未经腌制的新鲜猪肉加工，有时也添加适量牛肉。原料肉不经腌制及细斩或乳化处理，经绞碎后加入香辛料和调味料填充入肠衣而成。这类肠原料除了肉以外，常混有其他食品原料，比如猪头肉、猪内脏加土豆淀粉、面包渣等制成的生鲜香肠；猪肉、牛肉再加鸡蛋、面粉的混合香肠；猪肉、牛肉加西红柿和椒盐饼干面的西红柿肠等。这类产品未经杀菌处理，需要在冷藏条件下贮存销售，且保质期较短，一般不超过3天，产品食用前需经加热处理。常见的有意大利鲜香肠、德国生产的一种供油煎的鲜猪肉香肠和图林根香肠等。目前我国这类香肠的生产量很少，该类产品大部分作为一种休闲食品在销售场地经烘烤熟制后现场出售、食用。

2. 生熏香肠

这类产品的原料可以是新鲜的，也可以经盐或硝酸盐腌制。不同于生鲜香肠，该类产品要经过烟熏处理，这赋予了产品特殊的风味和色泽，但不经煮制加工，消费者在食用前要进行熟制处理。产品的贮存销售同样需要在冷藏条件下进行，保质期一般不超过7天。

3. 熟制香肠

经过腌制的原料肉采用绞碎、斩拌或乳化处理，充入肠衣，再经蒸煮熟制，烟熏

（或不烟熏）加工而成。这类香肠经过熟制加工过程，消费者可直接食用。该类产品的产量在肠制品中占有的比例最大。

4. 干制和半干制香肠

干制或半干制香肠是以牛肉或牛肉与猪肉的混合肉为原料，用食盐、硝酸盐等辅料腌制，经自然或接种发酵，充填入可食性肠衣中，再经烟熏（一般干制肠不需要烟熏，半干制肠需烟熏）、干燥和长期发酵等工艺制成的一类生肠制品。这类产品也称发酵香肠。根据含水量不同可分为干制香肠和半干制香肠，其中干制香肠干燥脱水后质量减轻 25% ~40%，半干制香肠质量减轻 3% ~ 15%。经过发酵，产品的 pH 值较低，一般在 4.7 ~ 5.3，从而提高了产品的保藏性，并具有很强的风味。典型产品如意大利的萨拉米香肠。

（三）主要原辅料

1. 原料肉

各种不同的原料肉可用于不同类型的香肠生产，而使产品具有各自的特点。不同的原料肉中各种营养成分（如蛋白质、水分、脂肪和矿物质）的含量也不同，并且颜色深浅、结缔组织含量及所具有的持水性、黏着性也不同。

适当地选择原料肉是生产质量均一的肠类产品的先决条件，这并不意味着所有的肠制品都要选价格高的肉，而应与产品规定的脂肪含量、颜色指标、黏着能力和其他特征相结合考虑。原料肉最好采用新鲜的肉。不同原料，蛋白质和水的比例、瘦肉和脂肪的比例、肉的持水性、色素的相对含量等都不相同。肉的黏合性是指肉所具有的乳化脂肪和水的能力，也指其具有使瘦肉粒黏合在一起的能力。原料肉可以按其黏着能力进行分类，具有黏合性的肉又可以分为高黏合性、中等黏合性和低黏合性。一般认为，牛肉骨骼肌的黏合性最好，例如牛小腿肉、去骨牛肩肉等。具有中等黏合能力的肉包括头肉、颊肉和猪瘦肉边角料。具有低黏合性的肉包括含脂肪多的肉、非骨骼肌肉和一般的猪肉边角料、舌肉边角料、牛胸肉、横膈膜肌等。很差或几乎没有黏合性的肉叫填充肉，这些肉包括牛胃、猪胃、唇、皮肤及部分去脂的猪肉和牛肉组织，这些肉具有营养价值，但在肠制品生产中应限制使用。

2. 肠衣

肠衣是肠类制品的包装材料。作为灌肠生产的重要辅料，肠衣必须有足够的强度以容纳内容物，且能承受在充填、打结和封口时的机械力。在香肠加工和贮藏过程中，肉馅随着温度的变化有收缩和膨胀的现象，要求肠衣也应具有收缩拉伸的特性。肉类工业常用的肠衣包括天然肠衣和人造肠衣两大类。

（1）天然肠衣

天然肠衣即动物肠衣，是由猪、牛、羊的消化器官和泌尿系统的脏器除去黏膜后腌制或干制而成的。常用的有猪、牛、羊的大肠、小肠、盲肠、食管（牛）和膀胱等。天然肠衣弹性好，持水力强，具有一定的韧性和坚实度，能够承受加工过程中热处理的压力，可以随内容物的变化进行相应的收缩和膨胀，具有透过水汽和熏烟的能力，可以食用。天然肠衣的缺点是规格和形状不统一，主要是直径大小不一、厚薄不均、多呈弯曲状。

（2）人造肠衣

人造肠衣是用人工方法把动物皮、塑料、纤维、纸或铝箔等材料加工成片状或筒状薄膜，按照原料的不同可分为胶原肠衣、纤维肠衣、塑料肠衣和玻璃纸肠衣四种。人造肠衣具有气密性好、热合性好、无味、无臭、无毒、耐热、耐寒、耐油、耐腐蚀、防潮、防紫外线、适应机械化操作等特性，并且可实现生产规模化，易于充填，加工使用方便。

二、中式香肠

中式香肠俗称腊肠，是指以肉类为主要原料，经切、绞成丁，配以辅料，灌入动物肠衣经发酵、成熟干制而成的肉制品，是我国肉类制品中品种最多的一大类产品。

中式香肠中广东香肠是其代表。它是以猪肉为主要原料，经切碎或绞碎成丁，用食盐、硝酸盐、白糖、曲酒、酱油等辅料腌制后，充填入天然肠衣中，经晾晒、风干或烘烤等工艺而制成的一类生干肠制品，食用前需熟加工。我国比较著名的中式香肠还有武汉香肠、川味香肠、哈尔滨风干肠等。由于原材料配制和产地不同，风味及命名不尽一致，但生产方法大致相同。

（一）广式香肠

广式香肠又称广式腊肠，具有外形美观、色泽明亮、香味醇厚、鲜味可口、皮薄肉嫩的特色。

1. 配方

猪瘦肉 35 千克、肥膘肉 15 千克、食盐 1.25 千克、白砂糖 2 千克、白酒 1.5 千克、无色酱油 750 克、鲜姜 500 克（剁碎挤汁用）、胡椒面 50 克、味精 100 克、亚硝酸钠 1.5 克。

2. 原料肉选择

选择经兽医卫生检验合格的猪肉作为原料，以腿肉和臀肉为最好。

3. 修整

首先将瘦肉和肥膘分开，剔除瘦肉中的筋腱、血管、淋巴。

4. 肉的切块

将瘦肉切成 1.0 ~ 1.2 厘米见方的立方块，肥膘切成 0.9 ~ 1.0 厘米见方的立方块。拌料前肉块需要用 35 摄氏度左右的温水浸烫，并洗掉肥膘丁表面的油污。

5. 制馅

先在拌馅机内加入少量温水，放入盐、糖、酱油、姜汁、胡椒面、味精、亚硝酸钠等辅料，待搅拌均匀并且辅料溶解后加入瘦肉和肥丁，最后加入白酒，制成肉馅。拌馅时，要严格掌握用水量，一般为 4～5 千克。

6. 灌制

先用温水将肠衣泡软，洗干净。用灌肠机将肉馅灌入肠衣内。灌装时，要求均匀、结实，发现气泡用针刺排气。每隔 12 厘米为 1 节，进行结扎。然后用温水将灌好的香肠漂洗 2～3 遍，挂在竹竿上。

7. 晾晒与烘烤

将挂好的香肠放在阳光下晾晒，3 时左右翻转一次。晾晒 0.5～1.0 天后，转入烘房烘烤。温度要求 50～52 摄氏度，烘烤 24 时左右，即为成品。

（二）南京香肚

南京香肚形似苹果，肥瘦红白分明。香肚外皮虽薄，但弹性很强，不易破裂，便于贮藏和携带。食时香嫩可口，略带甜味。南京香肚生产方法与腊肠相近，但要灌装入经处理的膀胱中。

1. 泡肚皮

不论干膀胱还是盐渍的膀胱，都要进行浸泡，然后清洗，挤沥去水分。

2. 原料肉选择

最好选择新鲜的腿肉，分割肉下脚料也可使用，要除去黏膜、淤血、伤斑等以免影响风味。

3. 配方

瘦肉 80 千克、肥膘 20 千克、食盐 4 千克、白砂糖 5 千克、五香粉 50 克、硝酸钠 30 克。

4. 制馅

将瘦肉切成细的长条，肥膘切成肉丁，然后将各种调料加入肉中搅拌均匀，停放 20 分，待各种配料充分渗入随即装馅。

5. 装馅扎口

将肉馅装入肚内，一般重 250 克为一个，然后进行扎口。根据所用肚皮不同，扎口方法不同，湿肚皮采用别签扎口，干肚皮直接用麻绳扎口。

6. 晾晒

将扎口的香肚挂在阳光下通风的地方晾晒，晒 2～3 天即可。晾好的香肚肚皮呈半透明状，瘦肉与脂肪的颜色鲜明。肚皮扎口处要干透，即可发酵。

7. 发酵

晒干后的香肚，每 10 个拴在一起，放在通风的库房内晾挂，同时注意肚皮之间不要靠得太密集，便于通风。一般发酵晾挂 40 天左右即可完成，这时应将库门关闭，防止过于干燥，发生变形流油现象。

8. 叠罐贮藏

将晾挂好的香肚，去掉表面霉菌，4 个扣在一起叠入缸中，这样可以保藏半年以上。

9. 煮制

香肚食用前要进行煮制。在煮制时，先将肚皮表面用水刷洗干净，放在冷水锅中加热煮沸，沸腾后立即停止加热，使水温保持在 85～90 摄氏度，经 1 时左右即可煮熟。煮熟的香肚待冷却后方能切开，否则因脂肪溶化而流失，肉馅也容易松散。

三、西式香肠

西式香肠又称灌肠，是以畜禽肉为原料，经腌制（或不腌制）、斩拌或绞碎使肉成为块状、丁状或肉糜状态，再配上其他辅料，经搅拌或滚揉后灌入天然肠衣或人造肠衣内，经烘烤、熟制和熏烟等工艺而制成的熟肠制品或不经腌制和熟制加工而成的需冷藏的生鲜肠。其具体名称多与产地有关，如意大利肠、法兰克福香肠、维也纳肠、波兰肠、哈尔滨红肠等。

（一）法兰克福香肠

法兰克福香肠是世界上非常受欢迎的香肠之一，历史悠久，可以追溯到 1562 年。法兰克福香肠的做法严格，各个步骤都有着严格的要求，制作工艺十分精细。

1. 配方

基础配方：猪瘦肉 2.5 千克、五花肉 0.75 千克、乳化皮 0.25 千克、猪脂肪 0.5 千克、冰水 1 千克、盐 75 克、亚硝酸钠 0.03 克、抗坏血酸 5 克、复合磷酸盐 20 克、白胡椒粉 15 克、肉豆蔻衣粉 12.5 克、芫荽籽粉 2.5 克、姜粉 15 克、红柿椒粉 12.5 克、味精 2.5 克、洋葱 10 克。

乳化皮的制作：将猪皮在 10% 的盐水中浸泡 12～24 时，使毛孔全部张开，用刮刀将肉皮上面残留的毛发剔除干净；再将猪皮切块冷冻；将猪皮 +50% 的清水 +50% 浸泡时的盐水共同斩拌，斩拌以后进行冷冻；然后重复斩拌 2～3 次，作为基础乳化皮备用。

2. 原料的选择

选择经兽医卫生检验合格的猪肉作为原料，瘦肉以腿肉和臀肉为最好，五花肉以不带奶脯的猪肋条肉为最好，脂肪以背部的脂肪为最好。

3. 绞碎

将瘦肉、五花肉、脂肪用绞肉机绞碎，绞肉机筛孔直径为 3 毫米。

4. 腌制

将绞碎的原料肉用食盐、亚硝酸盐、抗坏血酸盐进行腌制，于 4 摄氏度冰箱中冷藏过夜12时。

5. 斩拌

将基础乳化皮＋瘦猪肉＋五花肉（均为事先3毫米筛孔绞好）共同放入斩拌机中，高速斩拌1～2分；添加1/3的碎冰，继续高速斩拌，然后添加磷酸盐，斩拌3～5分；加入香辛料，继续斩拌；加入脂肪（事先3毫米筛孔绞好）和剩余的碎冰，继续高速斩拌至温度为12～14摄氏度即可。

6. 灌制

用真空灌肠机将肉馅灌入肠衣内（口径22毫米的羊肠衣或者胶原蛋白肠衣）。灌装时要求均匀、结实。灌到所需长度，然后再盘绕起来。

7. 干燥

在全自动一体化烟熏箱中进行干燥，箱温45摄氏度，相对湿度0%，时间20分，风速2挡。

8. 烟熏

在全自动一体化烟熏箱中进行烟熏，箱温60摄氏度，相对湿度0%，时间30分，风速2挡。

9. 蒸煮

在全自动一体化烟熏箱中进行蒸煮，箱温78摄氏度，相对湿度60%，时间30分，风速2挡，测定肠体中心温度达到72～74摄氏度时即可。

10. 冷却

迅速将肠体从蒸煮箱中取出，放在冰水中浸泡，使肠体的中心温度迅速降至30摄氏度以下，捞出以后控干水分，迅速放入4摄氏度成品间冷藏。冷藏10～12时以后，将肠体进行真空包装。此类产品在冷藏环境下，保质期最多在15天左右。

（二）哈尔滨红肠

相传哈尔滨红肠原来是俄罗斯、立陶宛一带的经典小吃，被称为"力道斯"，是冬季饮酒的绝佳伴侣。1913年，一个叫爱金宾斯的技师将红肠带入中国，红肠在东北深受欢迎。制作哈尔滨红肠的原料易取，肉馅多为猪、牛肉，也可用兔肉或其他肉类；肠衣用猪、牛、羊肠均可。红肠制作过程也较简单，只要配料合适，其成品香辣糯嫩，面呈枣红，色泽鲜艳，肠皮完整，肠馅紧密，大小均匀，富有弹性，肉香浓郁，蒜香诱人，鲜美可口。与其他香肠相比，红肠显得不油腻而易嚼，带有异国风味，很受消费者欢迎。

1. 原料辅料

猪瘦肉76千克、肥肉丁24千克、淀粉6千克、精盐5～6千克、味精0.09千克、大蒜末0.3千克、胡椒粉0.09千克、亚硝酸钠15克。肠衣用直径3～4厘米猪肠衣，长20厘米。

2. 原料肉的选择与修整

选择兽医卫生检验合格的可食动物瘦肉作为原料，肥肉只能用猪的脂肪，瘦肉要除去骨、筋腱、肌膜、淋巴、血管、病变及损伤部位。

3. 腌制

将选好的肉切成一定大小的肉块，按比例添加配好的混合盐进行腌制。混合盐中通常盐占原料肉重的 2%～3%，亚硝酸钠占 0.010%～0.013%，抗坏血酸占 0.03%～0.05%。腌制温度一般在 10 摄氏度以下，最好是 4 摄氏度左右，腌制 1～3 天。

4. 绞肉或斩拌

腌制好的肉可用绞肉机绞碎或用斩拌机斩拌。斩拌时肉吸水膨润，形成富有弹性的肉糜，因此斩拌时需加冰水。加入量为原料肉的 30%～40%。斩拌时投料的顺序是：猪肉（先瘦后肥）→冰水→辅料等。斩拌时间不宜过长，一般以 10～20 分为宜。斩拌温度最高不宜超过 10 摄氏度。

5. 制馅

斩拌后，通常把所有辅料加入斩拌机内进行搅拌，直至均匀。

6. 灌制与填充

将斩拌好的肉馅移入灌肠机内进行灌制和填充。灌制时必须松紧均匀。过松易使空气渗入而变质；过紧则在煮制时可能发生破损。如不是真空连续灌肠机灌制，应及时针刺放气。

将灌好的湿肠按要求打结后，悬挂在烘烤架上，用清水冲去表面的油污，然后送入烘烤房进行烘烤。

7. 烘烤

烘烤温度 65～80 摄氏度，维持 1 时左右，使肠的中心温度达到 55～65 摄氏度。烘好的灌肠表面干燥光滑，无油流，肠衣半透明，肉色红润。

8. 蒸煮

水煮优于汽蒸煮。水煮时，先将水加热到 90～95 摄氏度，再把烘烤后的肠下锅，保持水温在 78～80 摄氏度。当肉馅中心温度达到 70～72 摄氏度时为止。感官鉴定方法是用手轻捏肠体，挺直有弹性，肉馅切面平滑光泽表示煮熟；反之未熟。

汽蒸煮时，肠中心温度达到 72～75 摄氏度时即可。例如肠直径 70 毫米时，则需要蒸煮 70 分。

9. 烟熏

烟熏可促进肠表面干燥有光泽；形成特殊的烟熏色泽（茶褐色）；增强肠的韧性；使产品具有特殊的烟熏芳香味；提高防腐能力和耐贮藏性。一般用三用炉烟熏，温度控制在 30～50 摄氏度，时间 8～12 时。

10. 贮藏

未包装的灌肠吊挂存放，贮存时间依种类和条件而定。湿肠含水量高，如在 8 摄氏度条件下，相对湿度 75% ~78% 时可悬挂 3 天。在 20 摄氏度条件下只能悬挂 1 天。水分含量不超过 30% 的灌肠，当温度在 12 摄氏度、相对湿度为 72% 时，可悬挂存放 25 ~30 天。

（三）火腿肠

火腿肠以猪肉为主要原料，采用 PVDC（聚偏氯乙烯）塑料薄膜进行包装，经高温灭菌，常温下可保存半年。火腿肠品种多、重量轻、易保存；颜色鲜艳美观，鲜嫩可口，食用方便，卫生，烹炒、煎炸、烧烤、冷食均可，深受消费者欢迎。

1. 原料辅料

配方 1（按 100 千克原料肉计算）：猪瘦肉 65 ~80 千克，猪肥肉 20 ~35 千克，肉果面 0.2 千克，白砂糖 0.5 千克，味精 0.3 千克，精盐 3 ~5 千克，淀粉 10 ~15 千克，水解植物蛋白 2 千克，黑胡椒粉 0.15 千克，肉豆蔻 0.12 千克，多聚磷酸盐 0.4 千克，抗坏血酸 54 克，硝酸钠、亚硝酸钠 50 克，PVDC 肠衣、铝丝若干。

配方 2（按 100 千克原料肉计算）：鸡肉 50 千克，猪瘦肉 30 千克，猪肥肉 20 千克，大豆分离蛋白 2 千克，淀粉 12 千克，硝酸钠、亚硝酸钠 50 克，精盐 3 ~5 千克，白胡椒粉 0.12 千克，肉豆蔻 0.2 千克，白砂糖 0.5 千克，姜粉 0.7 千克，五香粉 0.8 千克，红曲米 0.2 千克，味精 0.2 千克，抗坏血酸 50 克，焦磷酸钠 0.4 千克。

配方 3（按 100 千克原料肉计算）：猪瘦肉 50 千克，猪肥肉 30 千克，猪肝 20 千克，白砂糖 0.8 千克，精盐 3 ~4 千克，白胡椒粉 0.15 千克，味精 0.2 千克，酪蛋白酸钠 2 千克，肉果面 0.2 千克，砂仁面 0.15 千克，多聚磷酸盐 0.5 千克，抗坏血酸 50 克，硝酸钠、亚硝酸钠 50 克，淀粉 12 千克。

2. 原料选择与修整

选用健康良好经卫生检验合格的新鲜畜禽肉，肉的最佳 pH 值为 5.8 ~6.2。瘦肉最常用的为猪肉，也可使用牛肉、鸡肉、羊肉、兔肉、马肉、驴肉、内脏等。最好选用不经成熟的新鲜肉，其黏着力较成熟肉强。如果原料肉是热剔骨的分割肉，必须先进行冷却，使肉温降至 5 摄氏度以下。肉温超过 10 摄氏度则黏着力明显降低。将去皮肉修割掉筋、腱、衣膜、碎骨、软骨、淤血、淋巴结等其他杂质。把瘦肉和肥肉分隔开，将大块瘦肉切成拳头大小的肉块。肥肉先切成膘丁，也可腌后再切。

3. 腌制

腌制的主要目的是对肉品进行调色和调味。将瘦肉和肥肉分别放入腌制容器内，将精盐、硝酸盐、亚硝酸盐、白砂糖、抗坏血酸、多聚磷酸盐等拌和均匀后，按比例倒入瘦肉和肥肉内，搅拌均匀后置于 2 ~4 摄氏度的冷库内，腌制 2 ~3 天，待切开的瘦肉断面全部达到鲜艳的玫瑰红色，且气味正常，肉质坚实有柔滑的感觉，可塑性强即表示腌制成熟。

4. 真空斩拌、制馅

斩拌起到乳化的作用，增加肉馅的持水性，提高嫩度、出品率和制品的弹性。先把腌制好的肉放入斩拌机内进行斩切，同时加入配比好的辅料进行搅拌。在斩拌过程中加入适量的冰屑水。把加水溶解过滤后的淀粉、调制好的辅料，徐徐加入肉馅内继续斩拌 1 ~ 2 分。最后把肥肉加入肉馅中斩拌 5 ~ 6 分。斩拌时间的长短根据斩拌机的转速来决定。注意从添加的总水量中留出 15% 做机动。因各批原料肉的质量、鲜度，腌制状况，淀粉种类等因素不同，斩拌所吸收的水分也不同，所以要适当增减。使用畜禽内脏时，要先进行热烫，然后再加入斩拌。斩拌好的肉馅感官指标为：肥肉和辅料分布均匀，肉馅色泽呈均匀的淡红色，干湿得当，整体稀稠一致。特别是黏性必须严格掌握，达到比较有劲，用手拍起来整体肉馅跟着动颤的状态。斩拌后的肉馅温度应控制在 10 摄氏度以下，6 ~ 8 摄氏度为宜。

5. 充填、结扎

目的是使肉馅定型，由自动充填结扎机完成。

6. 高温灭菌

肉馅密闭在 PVDC 膜内后，再经过高温灭菌，将其中的微生物杀死，并将酶活性破坏，以达到在常温下长期保藏的目的。杀菌温度应采用 121 摄氏度，时间为 18 ~ 20 分，杀菌时间的长短根据产品的不同品种、肠的粗细等来确定。灭菌完成后反压冷却至 40 摄氏度。

7. 干燥

将经高温灭菌的火腿肠依次摆入产品周转箱中，送进干燥间干燥。目的是排除肠衣表面的水分，防止两端结扎口处因残留水分引起杂菌污染，发生霉变。

8. 成品

去除弯曲、变形或不合格的产品。贴上商标，装入纸箱后封口、打包、入库。成品最好保存在恒温干燥 20 摄氏度以下的库房中。

（四）烤肠

1. 原料肉的选择

选择经动检合格的冻鲜 2 号或 4 号去骨猪分割肉为原料。猪精肉 80 千克、肥膘 20千克、冰水 70 千克、精盐 3.2 千克、白砂糖 1.5 千克、味精 0.6 千克、腌制剂 1.7 千克、亚硝酸钠 0.01 千克、高粱红 0.015 千克、猪肉香精 0.4 千克、胡椒粉 0.1 千克、姜粉 0.12 千克、大豆分离蛋白 3 千克、改性淀粉 25 千克。

2. 原料肉处理

原料肉经自然解冻或水浸解冻至中心温度为 − 1 ~ 1 摄氏度，用直径 7 毫米孔板绞一遍，肥膘用 3 毫米孔板绞一遍，搅拌机内与盐、亚硝酸盐、腌制剂混合均匀。

3. 腌制

在 0~4 摄氏度条件下腌制 18 时。

4. 滚揉

将腌好的肉及其他辅料一起加入滚揉机内连续真空滚揉 4 时，真空度为 0.08 兆帕，出料温度控制在 6~8 摄氏度。

5. 灌制

用 8 路猪肠衣灌制，重量依具体要求而定，一般在 315 克左右（成品 280 克），然后挂竿，并用自来水冲洗烤肠表面油污和肉馅。

6. 干燥

干燥温度 60 摄氏度，时间 45 分。

7. 蒸煮

蒸煮温度 82~84 摄氏度，蒸煮 50 分，肠体饱满有弹性，中心温度达到 72 摄氏度。

8. 烟熏

烟熏炉 70 摄氏度熏制 20 分，肠表面呈褐色，有光泽。

9. 冷却

自然冷却一夜。

10. 真空包装

将肠进行真空包装。

11. 二次杀菌

温度 90 摄氏度，时间 10 分。

12. 冷却吹干

经二次杀菌的产品要尽快将温度降至室温或更低，吹干袋表面水分。

13. 打印日期装箱入库

在 0~4 摄氏度条件下可贮存 3 个月。

思 考 题

1. 简述香肠制品的分类。

2. 简述广式香肠的生产方法。

3. 简述法兰克福香肠的生产方法。

4. 简述火腿肠的生产方法。

5. 简述烤肠的生产方法。

项目六　咸蛋、松花蛋产业化生产

学习目标

1. 了解蛋制品加工的辅料及加工原理；
2. 掌握咸蛋、松花蛋产业化生产方法、工艺流程、设备等；
3. 了解市场上咸蛋、松花蛋产品种类。

最近几年伴随着蛋品加工生产线的产业化应用和加工技术的进步，咸蛋、松花蛋产销量逐年增加，有力推动了禽类养殖业的发展。

阅读资料

一枚咸鸭蛋，一条富农生产线

某鸭子养殖大户家庭农场从 2008 年开始养殖蛋鸭，规模一直徘徊在 2 000 只左右，2020 年却猛增到 6 000 只。"以前没有好的销路，不敢扩大规模。现在有了供销社的支持，鸭蛋不愁销路，价格稳定，利润增加不少。"

其变化缘于区农副产品运营中心即供咸鸭蛋生产线的投产运营。区供销社投资 500 万元建成即供咸鸭蛋生产线，生产设备国内一流，生蛋清洗、腌制、二次清洗、烘干、杀菌等工序，全部实现标准化生产，每小时加工能力 5 000 枚。运营中心获得了包括鸭蛋在内的再制蛋类等六大品类农产品的生产许可证。即供咸鸭蛋生产线投产后，养殖户扩大规模，迅速补充鸭苗 4 000 只，并与供销社签订购销合同。有了供销社托底，利润有保障，养殖户不再担心价格和销路，一门心思把鸭子养好。

一、咸蛋产业化生产

咸蛋是以鲜蛋为原料，用盐水或含盐的纯净黄泥、红泥、草木灰等腌制而成的蛋制品。咸蛋制作方法简单，食用方便，是我国著名的传统食品。

（一）咸蛋生产的原、辅料

加工咸蛋常用鸭蛋和鸡蛋，鸭蛋加工的产品风味、色泽比鸡蛋更优，咸蛋生产原料主要采用鸭蛋。

咸蛋加工辅料主要有食盐、黄土（红土）、水、五香粉等。

咸鸭蛋

烤鸭蛋

（二）咸蛋的生产原理

食盐的扩散和渗透：食盐依靠扩散和渗透作用，经过蛋壳的气孔、蛋白膜、蛋黄膜进入蛋白和蛋黄，蛋内水分反方向渗出使蛋变咸。同时，在腌制过程中蛋内发生复杂的生化变化，形成咸蛋独特的风味。

食盐的高渗透压：1%的食盐溶液渗透压为6.1个大气压，一般微生物细胞的渗透压为3.5～16.7个大气压。咸蛋腌渍盐浓度一般为18%～20%，盐溶液产生的高渗透压远远大于微生物细胞的渗透压，这是咸蛋能够在常温下保藏的主要原因。

降低水分活度：进入蛋内的钠离子、氯离子和水分子结合，形成水化离子，使蛋内水分活度降低，微生物可利用的水分减少，其生长繁殖被抑制。这是咸蛋能够长期保藏的另一个原因。

抗氧化作用：盐溶液能够降低溶液中的氧气含量，抑制需氧微生物的活动，有利于咸蛋的保藏。

抑制蛋白酶活力：食盐可降低蛋内蛋白酶和微生物分泌的蛋白酶的活力，抑制了蛋白质的水解，延缓了蛋的腐败变质。

改变蛋的胶体状态：钠离子、氯离子渗入蛋内后，与蛋白质、脂肪等作用，改变了蛋白、蛋黄的胶体状态，使蛋白变稀、蛋黄变硬，蛋黄中的脂肪游离聚集，使咸蛋具有"鲜、细、嫩、沙、油"等特点。

（三）咸蛋的生产方法

咸蛋规模化生产常用的方法为盐泥涂布法，有些企业部分产品也用盐水浸泡法等。

1. 盐泥涂布法

（1）工艺流程

原料选择→光检、敲检→分级→滚泥→腌制→清洗、风干、光检、套袋、真空包装→高温杀菌→保温检验→成品包装。

（2）生产要点

①原料选择：选择新鲜的原料蛋，常温放置的蛋一般不超过产蛋后 1 周。

②光检、敲检：挑选出流清、不新鲜、畸形、裂壳蛋。

③分级：根据原料蛋重量进行分级。因蛋品重量差异，在同样温度、盐度下，蛋品腌制成熟时间不同，对成品质量造成影响。

④滚泥：参考配方为鸭蛋 65 千克、水 8～11 千克、食盐 5.5～7.0 千克（腌制温度高时用盐量大，反之减少）、干黄（红）土 10 千克。

干黄（红）土应不含有机质和无机肥料，泥土中无机成分进入蛋内，会导致蛋黄被腌成黑色。无论使用田间土还是高山土，一定要在阳光下暴晒或经过高温烘烤，将含水量控制在 4% 以下，最好进行粉碎过筛。需求量较大的企业，可以直接购买专用咸蛋腌制用土。

把盐加入水中，搅拌使其溶解，再把经干燥粉碎的土分次加入盐水中，在搅拌机中调成黏稠的泥浆。泥浆黏稠度的检验方法是，取一枚蛋放入泥浆中，若蛋的一半浮在泥浆上面，表示泥浆调配合适。把检验合格的蛋浸入泥浆中，使蛋壳表面粘满泥浆。

⑤腌制：滚泥后的蛋一般放入塑料桶或塑料周转筐（筐内先放置塑料袋，底部最好做孔处理，可按每筐放置数目计数，完成后系上袋口），码放在腌制室内。码放的腌制产品要做到温度均匀一致，有条件的也可放置在恒温腌制箱内进行腌制。腌制期间要按规定检查记录好腌制温度、产品状况等，发现问题及时处理。

⑥清洗、风干、光检、套袋、真空包装：经检验产品腌制达到成品要求时，应进行清洗操作，清洗去除蛋壳表面盐泥；用热风干燥去除蛋壳表面水分；通过光检、敲检等去除裂壳蛋和腌制不合格蛋；进行套袋和真空包装。这些操作一般在生产线完成。

⑦高温杀菌：包装好的产品一般在 121 摄氏度、10～15 分条件下进行杀菌，通过杀菌使咸蛋达到灭菌要求。

⑧保温检验、成品包装：采用 37±2 摄氏度保温 7 昼夜，根据产品质量要求取样进行理化指标检验，合格产品包装后销售。

2.　盐水浸泡法

把称量好的盐和水放入锅内，加热煮沸，不断搅拌使食盐溶解，冷却至室温待用。夏季盐浓度为 20%，其他季节为 18%。腌制用的缸先清洗干净，最好用过氧化氢消毒。把经过严格检验、分级后的蛋放入缸（或塑料周转箱）内，把冷却后的盐水注入其中，使盐水浸没蛋 5～8 厘米。盖好或密封好缸口，贴上标签，注明时间、种类、级别、数量等。夏季腌制时间为 30～40 天，其他季节为 40～60 天。盐水经补加食盐、煮沸、过滤后可多次使用。

3. 咸蛋产业化生产设备

洗蛋机、选蛋机、烘干机、腌制缸、泥浆搅拌罐、喷码机、智能脉动腌制机组、智能恒温腌制池、配料搅拌罐、盐水处理系统、咸蛋生产线、蛋品清洗机、环保锅炉、全自动杀菌锅、配料搅拌罐、真空包装机、质量监控设备等。

二、皮蛋产业化生产

皮蛋，又称松花蛋、彩蛋、变蛋，是以鲜蛋为原料，经用生石灰、碱、盐等配制的料液（泥）或氢氧化钠等配制的料液加工而成的蛋制品，是我国著名蛋制品。皮蛋种类很多，按蛋黄是否凝固分为溏心皮蛋和硬心皮蛋；按辅料不同分为无铅皮蛋、五香皮蛋等。

松花蛋

（一）辅助材料

①水：生产皮蛋用水必须符合我国饮用水质量标准，一般用清洁的井水或自来水，纯净水等过软水最好不用。

②氢氧化钠：氢氧化钠使蛋白质在碱性条件下变性凝固。当鲜蛋白中氢氧化钠含量达 0.2% ~0.3% 时，蛋白就会凝固。鲜蛋浸泡在 5.6% 左右的氢氧化钠溶液中 7~10 天，就呈胶凝状态。氢氧化钠浓度低，皮蛋成熟时间长，甚至不能成熟；反之，成熟期短；含量过高则出现碱伤、烂头等次劣蛋。

③纯碱（Na_2CO_3）：纯碱与加入的辅料熟石灰反应生成氢氧化钠，使蛋白质在碱性条件下变性凝固。加工皮蛋用的纯碱要求纯度在 96% 以上，应为白色粉末，无结块。

④生石灰：生石灰与水反应生成熟石灰 $[Ca(OH)_2]$。氢氧化钙再与纯碱反应生成氢氧化钠。生产皮蛋选用的生石灰要求氧化钙含量尽可能高，低于 75% 的不能使用。

⑤食盐：生产皮蛋要求使用氯化钠含量在 96% 以上的干燥粗盐，用量一般为 3% ~4%。食盐对皮蛋有调味、抑菌、加快化清（蛋白质黏度降低化成"水"）、利于蛋白质凝固、离壳等作用。

⑥茶叶：茶叶中的单宁能与蛋白质作用发生沉淀反应，使蛋凝固。茶叶中的色

素、芳香油、生物碱等其他成分，能使皮蛋增加颜色和风味。因红茶中含有上述成分较其他种类茶叶多，所以生产皮蛋选用红茶。红茶在加工过程中鲜叶中的茶多酚发生氧化，形成古铜色，是生产松花蛋的上等色。生产皮蛋要求选用质纯、干燥、无霉变的红茶（末）。

⑦硫酸铜、硫酸锌：在生产皮蛋过程中调和配料，起到促进配料向蛋内渗透，加速蛋白质分解，加快皮蛋凝固、成熟、增色、离壳，除去碱味，抑制烂头，易于保存等作用。

⑧黄土：黄土黏性强，包蛋后能防止微生物侵入。黄土应取自地下深层，不含杂质及有机质，无异味。

（二）皮蛋的生产方法

1. 工艺流程

原料选择→分级→照蛋、敲蛋→配料→验料→装缸、注料→浸泡期管理→出腌制容器、清洗、风干、涂膜、包装。

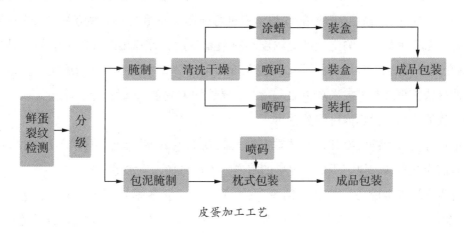

皮蛋加工工艺

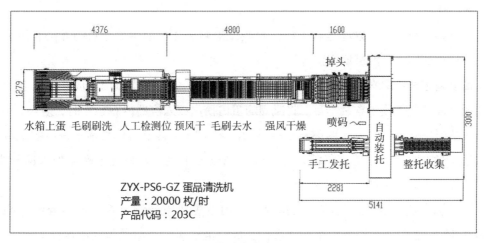

皮蛋生产线

2. 生产要点

①原料选择：生产皮蛋多以鸭蛋为原料，也可使用鸡蛋。因鸡蛋较鸭蛋含水量高，在配料时各种辅料用量应适当提高。要求原料蛋一定要新鲜。

②分级：一般按蛋的重量（或大小）进行分级，同时不同鸭龄生产的蛋品原料也应分别放置，这样有利于腌制期产品质量的管理和成品的销售。

③照蛋、敲蛋：确保生产用的蛋新鲜，剔除粘壳蛋、散黄蛋、裂纹蛋等不适合加工的蛋。

④配料：配料常用的方法有熬料法和冲料法。

熬料法：把耐碱性锅（最好用不锈钢锅）清洗干净，加入称量好的红茶末大火煮沸，小火维持30分，停止加热，自然冷却或倒入配料桶中降至40~50摄氏度；除去茶末，加入食盐，充分搅拌使其溶解；加入氢氧化钠搅拌使其溶解，再加入硫酸铜和硫酸锌（这两种原料先用少量冷却的红茶水溶解）搅拌混匀，最后加入生石灰。所有配料全部溶解后冷却至25摄氏度以下，经检验料液碱含量符合要求后（否则要调整碱浓度，经再次检验合格后方可使用），取清液进行腌制。使用上一批次腌制料，应按照旧料液处理方法调配后，测定碱液等浓度和料液重量后，计算出新配制料液的各种配料（氢氧化钠、食盐、茶叶、硫酸铜、水等）的用量，新旧料液混合均匀后使用。

冲料法：将红茶末放入缸中加入开水，搅拌均匀放置12时以上，除去茶末，再依次加入其他配料，操作方法同熬料法。

配置好的料液静置冷却，春秋季温度控制在17~20摄氏度，夏季不超过25摄氏度。料液应放置在通风、干燥、卫生的室内，不可再加入生水等。

皮蛋料液参考配方：氢氧化钠5.2~5.5千克（春冬季）、6.0~6.5千克（夏秋季），食盐1千克，红茶末0.5千克，生石灰1千克，硫酸铜0.2千克，硫酸锌0.1千克，水100千克。

⑤验料：料液中碱浓度是否适当，须经过检验后才可使用。验料的方法有简易判定法、比重测定法、酸碱滴定法等。

简易判定法：取料液少许，把蛋白滴入其中，15分后观察蛋白凝固状况，若不凝固说明生成的氢氧化钠含量不足。将凝固的蛋白捞出放入容器内观察1时，若经过0.5时凝固的蛋白化为稀水，说明碱液浓度过大；若1时左右蛋白化为稀水，说明碱液浓度合适；当1时后仍不能变稀液，同样说明碱浓度不足。碱浓度过高需加入凉开水，不足需加入生石灰和纯碱，调至合格。

比重测定法：取适量料液注入量筒内，用波美比重计测比重，若料液温度高于或低于15.5摄氏度，根据比重计读数换算成标准比重，合格的料液浓度应为13~15波美度。

酸碱滴定法：用移液管移取澄清料液 4 毫升，注入 300 毫升三角瓶中，加入 100 毫升蒸馏水，再加入 10% 的氯化钡 10 毫升，摇匀静置片刻，加入 0.5% 的酚酞指示剂 3 滴，用 0.1 摩/升盐酸标准溶液滴定至终点。所消耗的盐酸的毫升数乘以 10，即相当于氢氧化钠在料液中含量的百分数。通常要求料液中氢氧化钠的含量在 4.5%～5.5% 之间。

⑥装缸、注料：将检验合格的蛋轻轻放入腌制容器内（容器内先注入部分腌制液），装蛋至距容器上口（上沿）10～15 厘米，再注满腌制液，放上耐碱液腐蚀的金属网，压上重物使蛋体完全浸没在腌制液中，贴上标签等。

⑦浸泡期管理：腌制室最适宜温度应控制在 20～25 摄氏度，冬季不低于 15 摄氏度，夏季最高不要超过 30 摄氏度。现在规模化生产企业腌制间都可进行恒温腌制。温度过低，浸泡时间延长，蛋黄不易变色；温度过高，渗透速度快，易出现"碱伤"。注意在浸泡过程中蛋缸不要移动，以免影响凝固。需进行 3 次检查。

第一次检查：夏季（25 摄氏度）经 5～6 天，春秋季（18～23 摄氏度）经 6～8 天。用照蛋法检验，若蛋黄紧贴蛋壳的一边，类似鲜蛋的红贴壳、黑贴壳，蛋白呈阴暗状，说明蛋凝固良好，料液碱度适宜。若还像鲜蛋一样，说明碱浓度不足，应补加碱。若全蛋绝大部分发黑，说明料液过浓，应提前出缸或向缸内加入凉开水稀释料液。

第二次检查：蛋入缸 15～20 天进行剥壳检查，正常的蛋应为蛋白凝固、表面光洁、色泽褐黄带青，蛋黄部分变成褐绿色。

第三次检查：蛋入缸后 20～30 天，剥壳检查，蛋白不粘壳、凝固、坚实、表面光洁、呈墨绿色，蛋黄呈绿褐色，蛋黄中心呈淡黄色溏心，说明蛋已成熟。若发现蛋白烂头或粘壳，则料液碱性强，应提前出缸。若蛋白柔软、色泽发青，浸泡时间应延长。

⑧出腌制容器、清洗、风干、涂膜、包装：皮蛋成熟时间一般为 30～40 天。灯光照蛋时钝端呈灰黑色，尖端呈红色或棕黄色，说明蛋已成熟。经检查成熟的蛋应尽快进行成品生产。现在皮蛋生产企业都采用生产线进行加工，皮蛋先进行清洗、干燥、照蛋、涂膜、包装等工序，然后加工成成品。

在合格的皮蛋表面进行涂膜，用以保护蛋壳，防止破损及微生物侵入，延长保存期，促进皮蛋后熟，增加蛋白硬度。涂膜材料采用石蜡或白油，食品包装石蜡（52～58 号）或食用石蜡（52～56 号）；涂白油［白油涂料配方为：食品包装用石蜡 29.7%、司盘（20）2.6%、吐温（80）3.9%、平平加 0.7%、硬脂酸 2.1%、水 60%、三乙酸胺 1.0%］，由流水线设备完成涂膜操作。

3. 黄金皮蛋

把调制好的料泥直接包裹在蛋上，因料中碱等其他成分的渗透速度较浸泡慢，夏季加工制品易腐败，一般选在春、秋两季加工。

（1）工艺流程

原料选择、分级、照蛋、敲蛋→料泥调制→验料→包泥→装箱、密封、干燥、成品。

（2）生产要点

①原料选择、分级、照蛋、敲蛋：加工黄金皮蛋的原料可以为鸭蛋，也可以选用鸡蛋，处理方法同皮蛋。

黄金皮蛋参考配方：制作黄金皮蛋采用裹泥法，调配好的料液和晒干粉碎过筛的黄土调成黏泥，再用泥浆均匀包裹蛋壳，装入容器进行腌制。因地区、季节不同而有一定差异。

生产黄金皮蛋参考配方为鸭蛋100千克、纯碱2.8千克、生石灰12千克、食盐3.2千克、红茶末1千克、黄土30千克、水28千克、香辛料等适量。

②料泥调制：将红茶末、香辛料等放入锅内加水煮沸，再将生石灰分次加入茶汁中，待生石灰全部溶解后加入纯碱和食盐。经充分搅拌后捞出不溶物，并按量补足生石灰。再将过筛的黄土分次加入料液内，不断搅拌，使混合均匀。料泥搅拌均匀后约需10分即开始发硬，把冷却的料泥投入和料机中进行锤打，至泥料发黏似糯糊状为止，即为熟料，可以进行裹泥包蛋。

③验料：生产上常使用简易方法验料。取成熟料泥一块置于平皿或盘碟内，把表面抹光滑，将少量蛋白滴在泥料上，10分后观察蛋白的变化。若蛋白凝固，手摸时有颗粒状或片状有黏性感，说明碱浓度正常；若蛋白轻微凝固，手摸时有粉末感，说明碱量不足；若蛋白不凝固，手摸时缺乏黏性感，说明碱性过大。对于碱浓度不合格的料泥，必须进行调整，经验料合格后才能使用。

④包泥：两手戴橡胶手套，取料泥50克将蛋放在泥上，双手轻轻搓揉，使泥均匀牢固地包裹住蛋，再滚上一层稻壳或锯末等。

⑤装箱、密封、干燥、成品：把包好料泥的蛋逐个放入缸中或塑料周转箱内（箱内先放塑料袋），装至离缸口3～5厘米为宜，最好使用厚度为0.05毫米以上的塑料薄膜密封缸口。贴上标签，注明生产日期、数量、级别等。腌制环境温度控制在15～17摄氏度，注意不要随意搬动蛋箱。定期对蛋品进行检查，一般9～12天蛋白凝固，将蛋从容器中取出，摆放在干燥架上，干燥室温度控制在20摄氏度。使蛋壳表面的泥浆干燥，时间5天左右，经检验、包装后即为成品。

（3）皮蛋产业化生产设备

洗蛋机、选蛋机、烘干机、腌制缸、泥浆搅拌罐、智能脉动腌制机组、智能恒温腌制池、配料搅拌罐、皮蛋腌制液处理系统、皮蛋生产线、蛋品清洗机、环保锅炉、配料搅拌罐、喷码机、真空包装机、质量监控设备等。

阅读资料

从小作坊走向全世界——"微山湖"品牌助民族经济振兴发展

作为我国北方最大的淡水湖——微山湖因其美丽如画的大湖风光、可歌可泣的红色记忆,为世人所了解。如今以"微山湖"为商标的湖产品及湖产品加工品,也成为被国家商务部认可的中华老字号品牌。持有"微山湖"商标的微山县湖产品加工总厂,从一个18人的小作坊发展到产品远销世界各地、带动湖区经济发展的大企业。

山东微山湖经贸实业有限公司立足微山湖自然资源优势,实施贸工农一体化、产供销一条龙、基地+农户的可持续发展战略。根据日益增长的市场需求,不断扩大生产规模,改进加工工艺,创新包装装潢,打造了一批又一批的名牌优质新产品,松花蛋系列产品有传统包泥蛋、包膜蛋、无铅涂膜蛋、真空即食香卤松花蛋、无重金属工艺松花蛋,大中小包装的各类蛋品受到国内外消费者的欢迎,产品行销全国,畅销美国、日本、韩国、新加坡、马来西亚、澳大利亚及欧盟部分国家。

思考题

一、判断题（对的打"√",错的打"×"）

1. 生产皮蛋用水最好选用纯净水。（　　　）

2. 不论用鸡蛋还是用鸭蛋加工皮蛋,配料时各种辅料用量一样。（　　　）

3. 生产皮蛋配制好的料液,若需要加水应加入凉开水。（　　　）

4. 制作皮蛋时腌制温度一般只影响成熟时间,而对成品质量无影响。（　　　）

5. 腌制成熟的溏心皮蛋用灯光照蛋时钝端应呈灰黑色,尖端呈红色或棕黄色。
（　　　）

6. 一年四季都可以制作硬心皮蛋。（　　　）

7. 腌制咸蛋使用的食盐若镁盐和钙盐含量高,咸蛋的成熟时间会延长。（　　　）

8. 制作蛋液最好用流动的清水洗涤原料蛋,对水温无特殊要求。（　　　）

9. 制作蛋液时操作人员每工作两小时,应进行洗手和消毒一次。（　　　）

10. 蛋液杀菌既要杀死致病菌及其中绝大多数微生物,又不能使蛋白质变性。
（　　　）

二、单选题

1. 制作溏心皮蛋配制的腌制料液时,氢氧化钠浓度夏季一般为（　　　）。

A. 3%～4%　　　　　B. 4.5%～5.5%　　　　　C. 5%～6%　　　　　D. 6%～7%

2. 腌制成熟的咸蛋与鲜蛋相比蛋白（　　　）。

A. 无变化　　　　　B. 变稀　　　　　C. 变浓　　　　　D. 变黑

3. 对茶叶在皮蛋加工中的作用描述不正确的一项为（　　　）。

A. 使蛋白质凝固

B. 增加皮蛋颜色和风味

C. 增加皮蛋风味

D. 使蛋白凝胶体内有松针状的结晶花纹

4. 用草木灰法加工咸蛋对工艺描述不正确的一项为（　　　）。

A. 草木灰最好过筛处理　　　　　　B. 最好选用稻草灰

C. 草木灰应新鲜、干燥、无异味　　D. 必须使用刚燃烧过的草木灰

5. 对溏心皮蛋制作的包泥处理工艺描述不正确的一项为（　　　）。

A. 保护蛋壳，防止破损　　　　　　B. 延长保存期

C. 促进皮蛋后熟　　　　　　　　　D. 黄土用清水调制

参考文献

［1］吴艳秋. 果蔬产品加工［M］. 中国农业大学出版社，2021 年.

［2］王育红，陈月英. 果蔬贮藏技术（第三版）［M］. 化学工业出版社，2021 年.

［3］谭飔，莫言玲. 果蔬贮藏与加工［M］. 化学工业出版社，2024 年.

［4］农业农村部乡村产业发展司. 农产品加工物流业［M］. 中国农业出版社，2022 年.

［5］韩伟. 粮油加工副产物研究与综合利用［M］. 化学工业出版社，2023 年.

［6］李军，张雪. 粮油加工学［M］. 中国农业大学出版社，2022 年.

［7］陆国权. 农产品贮藏与综合利用［M］. 浙江大学出版社，2020 年.

［8］杨宝进. 畜产品工艺学［M］. 中国农业大学出版社，2021 年.

［9］李洪军，张兰威，马美湖. 畜产食品加工学［M］. 中国农业大学出版社，2021 年.

［10］徐松滨，李威娜，张振缇. 我国低温肉类制品的发展趋势［J］. 养殖技术顾问，2013（9）：247.

［11］叶春苗. 牛肉干加工工艺研究［J］. 农业科技与装备，2017（10）：34 – 35.

［12］赵鸾，章杰. 贮藏温度、时间和加工工艺对熟肉制品品质的影响［J］. 南方农业，2017，11（24）：121 – 123.

［13］刘文营，王守伟. 羊肉生产及加工工艺对肉及肉制品品质的影响研究进展［J］. 食品科学，2020，41（1）：304 – 311.

［14］贺庆梅. 肉制品加工中使用的辅料（六）品质改良剂在肉制品加工中的应用［J］. 肉类研究，2011，25（1）：68 – 71.

［15］于倩倩，李聪，周辉，等. 卤肉制品防腐加工工艺的研究［J］. 肉类工业，2020（3）：32 – 36.

［16］杨宁宁，武杰，邓源喜，等. 酱卤牛肉制品色泽固化技术的研究［J］. 农产品加工，2021（21）：45 – 48.